手のひら図鑑 ❼

馬

キム・デニス-ブライアン 監修／伊藤 伸子 訳

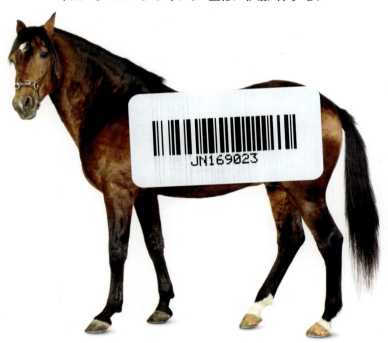

化学同人

Pocket Eyewitness HORSES
Copyright © 2012 Dorling Kindersley Limited
A Penguin Random House Company

Japanese translation rights arranged with
Dorling Kindersley Limited, London
through Fortuna Co., Ltd., Tokyo
For sale in Japanese territory only.

手のひら図鑑 ⑦
馬

2016年11月1日　第1刷発行
2024年12月25日　第3刷発行

監　修　キム・デニス - ブライアン
訳　者　伊藤伸子
発行人　曽根良介
発行所　株式会社化学同人

〒600-8074　京都市下京区仏光寺通柳馬場西入ル
　TEL：075-352-3373　FAX：075-351-8301

装丁・本文 DTP　悠朋舎 / グローバル・メディア

 〈出版者著作権管理機構委託出版物〉

本書の無断複写は著作権法上での例外を除き禁じられています．複写される場合は，そのつど事前に，出版者著作権管理機構（電話 03-5244-5088, FAX 03-5244-5089, email：info@jcopy.or.jp）の許諾を得てください．

無断転載・複製を禁ず
Printed and bound in China

ⓒ N. Ito 2016
ISBN978-4-7598-1797-3

◎本書の感想を
お寄せください

乱丁・落丁本は送料小社負担にて
お取りかえいたします．

www.dk.com

目　次

- 4　馬
- 6　毛　色
- 8　マーキング
- 10　進　化
- 12　馬のなかま
- 14　家畜化された馬
- 16　はたらく馬
- 18　競技をする馬
- 20　歩き方
- 22　行動とコミュニケーション

26　ポニー
- 28　ポニーってどんな馬?
- 30　ポニー

60　軽種馬
- 62　軽種馬ってどんな馬?
- 64　軽種馬

122　重種馬
- 124　重種馬ってどんな馬?
- 126　重種馬

138　タイプ
- 140　タイプ

- 146　有名な馬
- 148　馬まめ知識
- 150　用語解説
- 152　索　引
- 156　謝　辞

大きさ　馬の大きさは人間のおとな(身長1.8m)と並(なら)べて図で表しました。馬の高さ(体高)は足から肩(かた)の一番高い部分(き甲(こう))までをはかり、ハンドという単位で表します。1ハンドは10.16cmです。

馬

馬は草食動物なので当然、足は速いです。また持久力もあります。このような性質は人間にとって都合がよかったので、人間は数千年前に馬を家畜にしました。人間が馬を繁殖させ、人間のために決まった仕事をあたえるようになったのです。現在では特定の色、特徴、性質をもつように馬を改良し繁殖させることもあります。

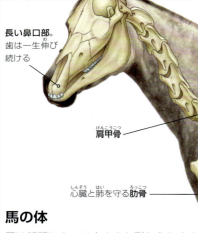

長い鼻口部。歯は一生伸び続ける

き甲（肩の一番高い部分）

脊柱（背骨）

肩甲骨（けんこうこつ）

心臓と肺を守る肋骨

腹部

臀部（後ろ脚の上部）

前脚

後ろ脚

手根関節（前ひざ）

管（手根関節と球節の間の骨）

ひづめ（馬の足）

球節

馬の体

馬は種類によって大きさも形も色もさまざまだが、基本骨格はどの馬も同じ。馬の背中はまっすぐで強く、かなりじょうぶにできているので、人間を乗せて走ったり、重い荷物を運んだりするのに向く。手根関節と飛節の下には筋肉がなくエネルギーを節約できるため、馬は高い持久力をもつ。ひづめの数は一つ。高さ（体高）は足からき甲までをハンドという単位で表す。1ハンドは10.16cm。

体型

馬のプロポーション（体の各部位の長さの割合）、骨格の形、筋肉のつき具合を体型という。馬の体型は馬種ごとに異なり、それぞれに適した仕事がある。たとえばどっしりした体型の馬には乗馬用の馬とはちがう仕事がまかされる。

胸囲（き甲の後ろ端と胴の一番低い部分を通る胴回り）

サラブレッドの体型は走りにかけては完ぺきだ

大腿骨

飛節（足根骨：後ろ脚の関節）

体型の異常

中には体型に異常のある馬もいる。そのような馬は背中を痛めやすかったり、歩行困難になったりしやすい。

凹背：き甲の後ろの背骨が大きくくぼむ。U字型の背中。

牛型飛節：後ろ脚の下肢が外側に向かって傾く。飛節の間が狭いために生じる。

外弧歩様：前脚を前にあげたときひづめが胸よりも外側に出る歩き方。片脚の場合もあるし、両脚の場合もある。外弧歩様で走ると脚が体の下ではなく横を動く。

内向蹄：ひづめの先が内側を向く。脚の関節に損傷をあたえる。

外向蹄：ひづめの先が外側を向く。脚を動かすと球節がぶつかってしまう。

毛　色

馬の毛にはさまざまな色があります。決まった色の馬種もいるし、同じ馬種でも何色か幅のある種もいます。ほとんどの馬種は一生同じ色ですが、リピッツァナーのように成長とともに毛色の変わる馬もいます。リピッツァナーは青毛で生まれ、年齢が上がるにつれて芦毛に変わります。

毛　色

毛色の出方は単色（全身同じ色）、体は単色でたてがみや尾はちがう色、ぶち（おもに大きな白斑が混じる）、または小斑のいずれかになる。

体もたてがみも尾も黄褐色の毛色を栗毛という。

栗毛の中で一番濃い色合いの栃栗毛。

芦毛は黒色の肌に白色の毛と黒色の毛が混ざって生える。

黒色に白色の毛が混じるピーバルド。黒以外の茶色などに白色の混じるスキューバルド。

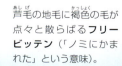

芦毛の地毛に褐色の毛が点々と散らばるフリービッテン（「ノミにかまれた」という意味）。

アパルーサ

アパルーサには独特の小斑がある。
アパルーサの小斑模様には大きく次の5種類がある。ブランケット（お尻の部分が白く、斑点はある場合も、ない場合もある）。レパード（白い地毛に卵形の濃い色の小斑が散らばる）。スノーフレーク（全身に小斑が広がり、お尻に集中する）。フロスト（濃い色の地毛に白い小さな斑点）。マーブル（地毛は赤粕毛または青粕毛。体のふちに濃い色、中央にフロスト模様が広がる）。ほかの馬種でも小斑のある馬はたくさんいる。

レパード模様

青粕毛：地毛は黒または黒茶色。白色の毛が混じり、全体が青みを帯びる。

赤粕毛：地毛は鹿毛または茶色がかった鹿毛、白色の毛が混じる。全体が赤みを帯びる。

青毛：地毛、たてがみ、尾、四肢、全身が黒色。

青鹿毛：黒色と茶色が混じる被毛に、たてがみ、尾、四肢は黒色。

鹿毛：赤っぽい茶色から濃い金色の被毛。たてがみ、尾、四肢の下部は黒色。

薄墨毛：地毛は灰褐色、黄色から青灰色まで幅がある。皮ふは黒色。

月毛：地毛は金色、黄色、黄褐色。たてがみと尾は淡い黄色または白色。

連銭芦毛：地毛は芦毛。濃い色の連銭形の斑模様。

マーキング

毛色がまったく一色だけという馬はほとんどいません。たいていの馬にはさまざまなマーキング（印）があります。マーキングには、顔やひづめや四肢に生まれつきついているマーキングと、飼い主による焼印や凍結烙印など生まれてからつけられるマーキングがあります。

顔のマーキング

馬の顔にはいろいろな形の白斑が現れる。よく見られるのは星（眼と眼の間、あるいは眼の上に現れる星形の白斑）、流星（顔の中央に現れる広い帯状の斑）、小流星鼻梁白鼻白（顔の中央に現れる狭い帯状の斑）。鼻白（鼻口部の左右の鼻の穴の間に現れる小さな帯状の斑）や白面（顔をほぼおおう白い毛）が見られることもある。

星

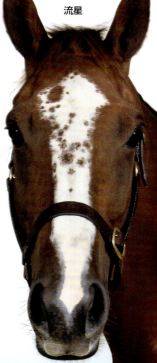

流星

白面

鼻白

小流星鼻梁白鼻白

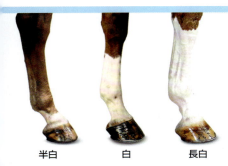

半白　　　白　　　長白

肢部のマーキング

多くの馬は四肢にマーキングがある。肢部のマーキングにはおもに白（ソックス）と長白（ストッキング）の2種類がある。白は白毛が球節と管骨の一部をおおう。長白は白毛がひづめから手根関節または飛節までおおい、半白はひづめの上だけ白い。

原始的なマーキング

薄墨毛の馬はき甲から尾にかけて濃い色のしま（鰻線）が出ることが多い。このようなしまは原始的な先祖から受け継いだ可能性がある。薄墨毛の馬は下肢にシマウマのような横じま模様が出ることもある。

鰻線

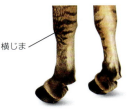
横じま

濃い色　　　薄い色

ひづめの色

ひづめの上に白毛の生えている馬のひづめの色は薄い。ひづめの上に濃い色の毛の生えている馬のひづめの色は濃い。ひづめに縦じまの入ることもある。

生まれてからつけられるマーキング

凍結烙印は液体窒素で冷やした鉄を押しあてる刻印方法。固有の識別記号をつけるときに用いられる。毛の色素をつくる細胞をこわすため、白い毛しか生えてこなくなる。

焼印は飼い主や品種を識別するためにも使われる。熱い鉄を使って皮ふにやけどをさせて印をつける。

進　　化

現代の馬は原始的な祖先から数百万年をかけて進化してきました。祖先と現代の馬とはあまり似ていません。一番最初の祖先ヒラコテリウムは 5500 万年前の森にすみ、木の葉や果実を食べていました（木の葉食）。現代の馬は草の葉を食べ（草の葉食）、自然界では草原で生活しています。

進　化

下の図は馬の進化の流れの中で重要な意味をもつ祖先を進化の順に表している。木の葉食から草の葉食に進化するにつれて臼歯は広く、またすり減るため成長し続けるようになった。このような歯を支えるために鼻口部は長くなった。

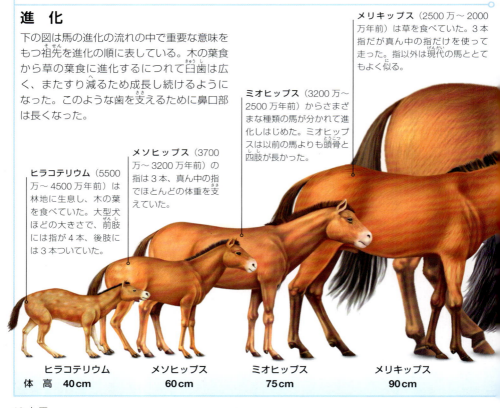

ヒラコテリウム（5500万〜4500万年前）は林地に生息し、木の葉を食べていた。大型犬ほどの大きさで、前肢には指が 4 本、後肢には 3 本ついていた。

メソヒップス（3700万〜3200万年前）の指は 3 本、真ん中の指でほとんどの体重を支えていた。

ミオヒップス（3200万〜2500万年前）からさまざまな種類の馬が分かれて進化しはじめた。ミオヒップスは以前の馬よりも頭骨と四肢が長かった。

メリキップス（2500万〜2000万年前）は草を食べていた。3 本指だが真ん中の指だけを使って走った。指以外は現代の馬ととてもよく似る。

ヒラコテリウム	メソヒップス	ミオヒップス	メリキップス
体高 40cm	60cm	75cm	90cm

ひづめの進化

ヒラコテリウムは前肢に指が4本あったが、3本だけで体重を支えていた。長い年月がたつうちに指の数はだんだん減り、約1500万年前には最初の1本指の馬が現れた。1本しか指がないので脚は軽くなった。このような脚は筋肉が少ない。つまりエネルギーの消費量が減り持久力が高まる。四肢が長くなり歩幅も広がったので速く走れるようになった。

ヒラコテリウム

メリキップス

エクウス

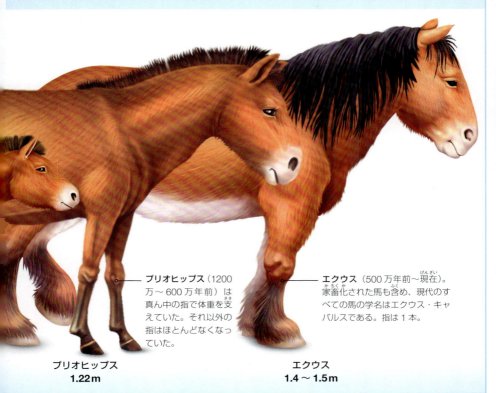

プリオヒップス（1200万〜600万年前）は真ん中の指で体重を支えていた。それ以外の指はほとんどなくなっていた。

プリオヒップス
1.22m

エクウス（500万年前〜現在）。家畜化された馬も含め、現代のすべての馬の学名はエクウス・キャバルスである。指は1本。

エクウス
1.4〜1.5m

馬のなかま

馬や、馬と近い関係にある動物はウマ科に含まれます。ウマ科の動物には野生ではシマウマ、家畜ではラバやロバなどがいます。

ヤマシマウマ

シマウマ

シマウマの被毛の模様はとても目立つ。黒と白のしま模様は1頭ずつちがう。現代のシマウマは3種類（サバンナシマウマ、ヤマシマウマ、グレービーシマウマ）に分かれる。馬とちがい、人間はシマウマを家畜にすることはできなかった。

オナガー

シマウマ以外にも野生のウマ科動物はいる。オナガーもその一種。中東や中央アジア、南アジアが原産のオナガーは家畜化された馬よりも体は小さいが、耳は長い。まっすぐな背中、小さな尾、細い脚が特徴。

オナガー

ロバ

ロバは野生の馬から進化した。現在では家畜化されている。とても力があり、持久力も高い。牧畜（羊の番など）や農作業によく使われる。重い荷物を乗せて長い距離を移動することができる。

ロバ

ラバとケッテイ

ラバもケッテイも馬とロバの異種交配によってできる。ラバはメスの馬とオスのロバから生まれる。ケッテイはオスの馬とメスのロバから生まれる。ラバもケッテイもおもに荷物を運ぶために使われる。

ラバ

家畜化された馬

家畜化された馬

約6000年前、アジアとヨーロッパ東部のあたりで人間は野生の馬を飼いならし家畜にした。農耕や競走といった特別の目的のために人間は馬を繁殖させた。農業や工業で使う馬は使役馬とよばれる。使役馬は競走馬よりも強く、体のつくりもどっしりしている。競走馬は軽く、速く走り、活発に動く。競走馬は使役馬よりも人間が乗るのに向いている。

馬のなかま | 13

家畜化された馬 かちくかされたうま

現在も生き残っている野生の馬はモンゴルに生息するモウコノウマ(プルツェワルスキーウマ)だけです。モウコノウマ以外の野生の馬はすべて家畜化されました。人間は自分たちの役に立つように、使う目的に合う馬を選んで繁殖させるようになったのです。馬は体の大きさを基準に大きく軽種馬と重種馬に分類されます。同じ分類の馬を交配させ改良し、何世代にもわたって一貫した特徴をもつようになった馬の種類を馬種といいます。

ポニー

一般に、14.2ハンドより小さい馬をポニーという。ポニーの多くは、栄養に乏しいきびしい環境の中で生まれた。このためポニーは軽種馬や重種馬に比べて体が小さいが、がんじょうで安定し歩きにくい場所も転ばず歩く。一年中、戸外で生活できるような被毛でおおわれる。

軽種馬

軽種馬の体高はおおむね14.2〜16ハンド。おもに乗用馬とされる。おおかたのポニーや重種馬よりも動きが軽やかで、運動能力が高い。体は軽く脚が長いので速く走り、競馬をはじめいろいろな競技に使われる。

熱血種、冷血種、温血種

原産地をもとに馬を分類することもある。砂漠地域原産の馬を**熱血種**という。熱血種には気性の荒い馬が多い。軽種馬はたいてい熱血種。

冷血種は北の地域原産。熱血種に比べて重く、強く、動きが遅い。一般に気性は温厚。重種馬はたいてい冷血種だ。

熱血種と冷血種を交配させて生まれた馬を**温血種**という。熱血種ゆずりの速さと敏捷性をもつが、一般に熱血種よりも温厚な性質。

重種馬

体高が16.2ハンドより高い馬種を重種馬という。重種馬のほとんどが冷血種。一般に熱血種や温血種よりも大きくて重い。筋肉がとても発達し強いので重い荷物をひくのに使われる。多くは下肢にふさふさの長い毛(けづめ毛)が生える。

はたらく馬

馬は家畜化されたときからずっと重い荷物をひいたり、人を運んだりしてきました。戦車として使われたこともありました。人間に使われ仕事をする馬を使役馬といいます。19世紀に入り蒸気や電気で動く機械や乗り物が発明されると使役馬の仕事は減りました。とはいうものの現在でも式典のパレードや、農場、警察隊や軍で仕事をこなす馬もいます。

警備

イギリス、アメリカ合衆国、カナダなどでは現在でも警察で馬が使われている。騎馬警官は特別に訓練された馬に乗り、交通量の多い通りを巡回する。大きな馬に乗ると騎馬警官の視界がよくなるので群集を整理するときにも使われる。

力仕事

馬は産業革命（1760〜1830年代）のころ、綿紡績機などの機械を動かしたり、小麦や大麦をひく水車を回転させたりして重要な役割をになった。炭坑から石炭を運ぶ機械や乗り物の重要なエネルギー源としても使われた。

農作業

現在でも農作業の現場では、耕作や脱穀をする乗り物や機械を馬にひかせることがある。トラクターよりも馬を好む農家も多い。馬は環境を汚さないし、ふんはよい肥料になるからだ。森でも伐採した重い丸太を運ぶのに馬が使われることがある。

運搬

かつて人が移動したり、荷物や郵便物を運搬したりするのに馬車がさかんに使われた時代があった。現在でも観光や王家の式典など特別な場面で馬が人を乗せて運ぶことがある。馬具（革ひもと装具）を着けた馬に馬車をひかせて時間や技術を競う競技を馬車競技という。

競技をする馬

馬に乗って速さを競う競技は古代から人気がありました。今日でも世界中でいろいろな競技が催されています。ここで紹介する競技以外にも障害飛越競技、総合馬術競技、ポロなどがあります。

祭り

馬を使った古代の競技のいくつかは現在も世界各地で大会が開かれたり、祭りの中に残ったりしている。たとえばイスラマバード（パキスタン）の祭りでは馬の上から槍で地面をつきテント用の杭を抜く競争をする。イギリスやアメリカでは中世のジョスト（馬上槍試合）を再現する催しがある。

ジムカーナ

ジムカーナは複数の種目を競う馬術大会。子ども向けに開かれることが多い。たとえば、等間隔に立てたポールの間をすり抜けていくポールベンディングという種目がある。決まった間隔で樽を置き、そのまわりを回る、ウェスタン乗馬のバレルレースに似た競技だ。

競馬

馬を使った競争は、人間が馬に乗るようになったころからずっと行われてきた。現代の競馬はたいてい決まった距離(きょり)を走らせ速さを競(きそ)う。途中(とちゅう)で障害物(しょうがいぶつ)を飛び越える場合もあるし、障害物を置かない場合もある。速さを競う競技はそのほかにも長距離を走るエンデュランス競技（長途騎乗競技(ちょうとじょうきょうぎ)）や騎手の乗った小さな荷車をひく繋駕速歩競争(けいがそくほきょうそう)などがある。

馬術競技(ばじゅつきょうぎ)

馬と騎手(きしゅ)が演技(えんぎ)をしてそのできばえを競(きそ)う競技もある。決められた馬場で規定(てい)の演技をする馬場馬術競技（ドレッサージュ）では柔軟性(じゅうなんせい)、姿勢(しせい)、馬の従順性(じゅうじゅんせい)などが採点(さいてん)される。馬の背で人間が体操競技(たいそうきょうぎ)をする軽乗競技（写真）もある。

テントの杭抜き(くいぬき)

競技をする馬 | 19

歩き方

馬の自然な歩き方は常歩(なみあし)、速歩(はやあし)、駈歩(かけあし)、襲歩(しゅうほ)の4種類に分けられます。馬種によっては側対歩という特殊(とくしゅ)な歩き方をする馬もいます。たとえばミズーリ・フォックス・トロッターはフォックストロットという側対歩(前後の脚(あし)を対にして動かす)で走り、テネシー・ウォーカーはランニングウォーク(前脚の離地点(りちてん)よりも前に後ろ脚が着地する)で歩きます。

自然な歩き方

自然な歩き方をした場合、歩き方の種類によって馬の移動(いどう)する速さが変わる。平均時速(へいきんじそく)は常歩(なみあし)(ウォーク)で6.4km、速歩(はやあし)(トロット)で13km、駈歩(かけあし)(キャンター)で16～27km、襲歩(しゅうほ)(ギャロップ)で40～48km。馬の歩き方を拍子(ひょうし)(4本の脚が一回りする間に足が地面にふれる数)で表すこともある。

常歩は4拍子。1歩ずつ脚を地面につけて歩く。最初に片側の後ろ脚、次に同じ側の前脚をつける。その後、反対側でも同じ動きを繰り返す。

速歩は2拍子。対角線の関係にある前脚と後ろ脚を同時に地面につける。次にもう一つの対角線上の前脚と後ろ脚を同時につける。

駈歩は3拍子。最初に後ろ脚を1本地面につけ、次にもう1本の後ろ脚と対角線上にある前脚を同時に地面につける。最後に残り1本の前脚をつける。

襲歩は4拍子。最初に1本の後ろ脚を地面につける。次にもう1本の後ろ脚をつけ、対角線上の前脚と続く。最後に残りの前脚をつける。

行動と
コミュニケーション

馬は社会的な動物です。群れで生活し、おもに体と声を使ってメッセージを伝えあいます。声は声帯を使って鳴き分けます。

遊び行動

子馬はよくじゃれあいながら自分の方が優位にいることを示そうとする。後ろ脚で立ち上がり、かみついたり、けったりと格闘にも見えるがめったにけがはしない。

一番よく見える範囲　見えない部分　左眼と右眼の視野が重なり一番よく見える

左眼だけで見る範囲　　右眼だけで見る範囲

見えない部分

眼

馬は頭の両横に大きな眼がある。このため広い範囲を警戒できる。

フレーメン

あまりなじみのないにおいが漂うと馬は上唇を巻き上げる。空気をたくさん吸いこんで、嗅覚器官でにおいを感知するためだ。このような反応をフレーメンという。雌馬が発情期にあるかどうかを判断するときにも雄馬がフレーメンをすることがある。

耳

馬は聴覚がとても発達している。馬の耳にはそれぞれ13個の筋肉があり、左右別々の方向に動かすことができる。感情によっても耳の位置が変わる。

片方の耳が前を向き、もう片方が後ろを向くときは安心している。

両方の耳が後ろに折れているときは機嫌が悪い。

両方の耳が前を向くときは警戒している。

相互毛づくろい

同じ群れの馬が親しい気持ちを表すためにたがいに毛づくろいをする。2頭がたがいちがいに立ち、臀部や甲のまわりをかむことが多い。

行動とコミュニケーション | 23

障害物の数の
もっとも多い障害物競馬は
ヴェルカ・パルドゥビツカ（チェコ共和国）と
グランド・アニュアル（オーストラリア）。
どちらも**33個の障害物**が置かれる

障害物競馬（しょうがいぶつけいば） 英語では steeplechasing という。語源（げん）は18世紀にアイルランドで行われていた競馬。当時はでこぼこの原野で行われ、自然の中の障害物を飛び越え教会の尖塔（せんとう）（steeple）を目指した。現在（ざい）ではヴェルカ・パルドゥビツカ（写真）のように生け垣（がき）など人工の障害物を置くレースが多い。

ポニー

体高が **14.2** ハンドより小さい馬をポニーといいます。中にはこれより大きく成長するポニーもいます。ポニーは食べ物の少ないきびしい環境の中で生まれ育ってきたので体が小さいです。寒冷地で誕生したポニーは被毛やたてがみや尾をたっぷり生やして環境に適応してきました。

ポニー・トレッキング
ポニーに乗って、岩場の続く山道を進むポニー・トレッキングは世界中で人気がある。

ポニーってどんな馬？

ポニーは、十分成長したときの体高（地面からき甲までの高さ）が 14.2 ハンド以下の小型の馬です。ところが例外もあります。14.2 ハンドより大きく育っても体の各部位の割合（プロポーション）や昔からのよび方にしたがってポニーに分類される馬もいます。

き甲

ポニーの体

ほかの馬と比べてポニーは首が太く、頭が短い。たてがみは多い。体長（前胸から臀部の端までの水平距離）は体高（地面からき甲までの高さ）よりも長い。胸深（き甲から胸の下部までの垂線の長さ）は脚の長さと等しい。頭長（うなじから鼻の端までの長さ）は肩長（うなじから肩までの長さ)と等しい。

はたらくポニー

ポニーは小さいが力持ちだ。**重い荷物をひくことができる。**現在でも世界各地で駄獣(荷物を運ぶ仕事をする動物)として使われている。

ポニーの繁殖

ダートムアなどマウンテン・アンド・ムアランド種(イギリス諸島のおもにムアランド原産の馬)とよばれるポニーはきびしい気候の中で生きていくことができる。オーストリアのハフリンガーやノルウェーのフィヨルドなどヨーロッパのポニーの多くは人を乗せたり馬車をひいたりしていた。ポニー・オブ・アメリカなど新しい馬種はとくに子どものためにつくられた。

ポニー

ポニーは力持ちです。もともとは馬車をひいたり、荷物や人を運んだりするために繁殖されていました。産業革命(1760〜1830年代)のころは炭坑でも使われました。現在ではおもに娯楽、とくに子どもがポニーにゆられて乗馬を楽しんでいます。

ここに注目!
手入れ

欠かさず手入れをすると馬は清潔かつ健康にすごせる。また乗り手と馬のつながりも深まる。

▲毛をブラッシングして汚れを落とし、泥を乾燥させる。ブラッシングにはマッサージのはたらきもある。

▲ひづめに合う蹄鉄を選んで定期的につけかえることは重要だ。新しい蹄鉄を打つ前に伸びたひづめは切っておくこと。

▲尾とたてがみにブラシをかけてもつれをほどいたり、泥を落としたりする。切れ毛を防ぐために毛ブラシを使う。

アイスランド・ホース
Icelandic Horse

ちがう馬種とはほとんど交配されてこなかった。このため純粋な血統の馬種の筆頭にあげられる。アイスランド・ホースに特有の5種類の歩き方(常歩、速歩、駈歩、襲歩、側対歩)をさらにはっきりさせるために同じ血統の中で改良されてきた。

体高 12.3〜14.2ハンド
原産国 アイスランド
色 すべての色

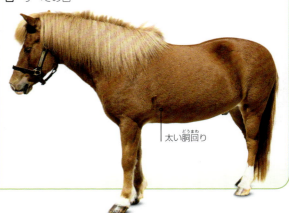

太い胴回り

ゴトランド
Gotland

スウェーデンのゴトランド島に石器時代から生息していた。スカンジナビアで最古の馬種とされている。速くて機敏な歩き方をするので障害飛越競技や繋駕速歩競走に向く。

体　高　11.1～12.3 ハンド
原産国　ゴトランド（スウェーデン）
色　青毛、青鹿毛

フィヨルド
Fjord

鰻線や下肢の横じまなど原始的な特徴がある。ノルウェーではたてがみを切る習慣があり、中央部の黒い毛が目立つ。がんじょうなので耕作をしたり、遠く離れた山あいの農場に重い荷物を運んだりするのに向く。

体　高　13.2～14.2 ハンド
原産国　ノルウェー
色　薄墨毛、たまに芦毛

コニク
Konik

数世紀前からポーランドに生息する。鰻線など原始的な特徴を多く残す。おとなしく、扱いやすい。軽めの農作業や荷物の運搬に使われる。

体　高　12.3〜13.3 ハンド
原産国　ポーランド南部・東部
色　青毛の薄墨毛

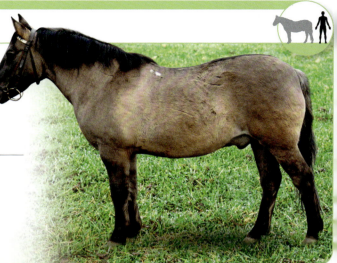

ハフリンガー
Haflinger

チロルの山が原産のマウンテン・ポニー種。急な斜面を難なく移動する。人を乗せることができ、森林での作業にも使われる。そりや荷車もひく。エーデルワイス・ポニーともよばれる。オーストリアでは国花エーデルワイスの形の焼印（花の中央にアルファベットのHを入れる）を押す。

体　高　13.2〜14.3 ハンド
原産国　チロル（オーストリア）
色　さまざまな色合いの栗毛

体は比較的長く、胴回りは太い

フクル
Huçul

カルパチア・ポニーともよばれる。数千年前からカルパチア山脈の東部に生息していた。がっしりした体つきで、持久力が高い。何百年もの間、険しい山道で重い荷物を運ぶために使われていた。現在ではおもに軽めの農作業や荷物の運搬に使われる。

体　高　約 13.3 ハンド
原産国　カルパチア山脈（ポーランド）
色　白毛とぶち毛と粕毛以外のすべての色

コネマラ
Connemara

かつてはアイルランドにしか生息していなかったが、現在ではヨーロッパ中で飼育されている。障害競走も馬術もみごとにこなすので、すべてのマウンテン種の中で一番多くホースショー（馬術競技会）に出馬する。子どもはもちろんおとなを乗せることもできる。

体　高　12.2 ～ 14.2 ハンド
原産国　コネマラ（アイルランド）
色　すべての単色

エリスキー
Eriskay

ちがう馬種との交配が進んだためエリスキーの数は少しずつ減り、現在、純血種はエリスキー島（イギリス）という小さな島に数頭しか残っていない。おもに子どもや長距離の乗馬に使われる。スコットランドの西側に広がる島々では軽い農耕や運搬作業にも使われる。

体　高　12〜13.2 ハンド
原産国　アウター・ヘブリディーズ諸島（スコットランド）
色　すべての色

ハイランド
Highland

何世紀にもわたってきびしい環境(かんきょう)の中で生きてきたじょうぶなポニー。軽い農作業や森林での作業に使われる。乗馬用としても人気が高く、トレッキングでよく利用される。

体 高 13～14.2 ハンド
原産国 ハイランドおよび西部の諸島(しょとう)（スコットランド）
色 すべての単色

やわらかく絹のようなけづめ毛

シェトランド
Shetland

シェトランドは小型だが、すべての馬とポニーの中で力がもっとも強い部類に入る。起伏(きふく)の多い地形でも人や重い荷物を乗せて運ぶ。温和な気性(しょう)。カーニバルや移動遊園地(いどうゆうえんち)などで短い距離(きょり)の乗馬によく使われる。

体 高 10.2 ハンド以下
原産国 シェトランド諸島(しょとう)（スコットランド）
色 小斑(しょうはん)以外のすべての色

脚(あし)は短くて強い

ポニー | 35

ウェルシュ・マウンテン・ポニー
Welsh Mountain Pony

イギリス原産のマウンテン・アンド・ムアランド種の中で一番数が多い。荒れた高原地帯が原産のため飛び抜けて屈強な馬種になった。体はたくましい。アラブ種などほかの馬種と交配されてきたため頭の形がとてもよい。

体　高　12ハンド以下
原産国　ウェールズ（イギリス）
色　すべての単色

太い胸囲とひきしまった体

ウェルシュ・ポニー
Welsh Pony

ウェルシュ・ポニーはウェルシュ・マウンテン・ポニーと同じく小さくて先のとがった耳をもつ。胸囲はほかのウェルシュ種と同様に太い。ウェルシュ・マウンテン・ポニーより体が大きいのでいろいろな目的に利用できる。かつて交配に使われたアラブ種などほかの馬種の特徴もあわせもつ。

体　高　13.2ハンド以下
原産国　ウェールズ（イギリス）
色　すべての単色

デールズ
Dales

荷物の運搬用としてつくられた、がっしりした体のポニー。採鉱や農作業に利用された。つくられた初期のころのデールズのもつじょうぶな骨格と四肢は現代のデールズにも残る。おだやかな気性で、歩きにくいところも転ばずに歩けるので乗馬やトレッキングに人気だ。

短くて力のある四肢。絹のようなけづめ毛が生える

体　高　14〜14.2 ハンド
原産国　ペニン山脈東部（イギリス）
色　青毛、青鹿毛、芦毛、鹿毛、粕毛

フェル
Fell

デールズと同じくフェルも最初は荷物の運搬用につくられた。現在では乗用馬として人気が高い。競技用の馬をつくるための交配種としてよく利用される。

体　高　14 ハンド以下
原産国　ペニン山脈西部（イギリス）
色　青毛、青鹿毛、鹿毛、芦毛

ポニー | 37

ハクニー・ポニー
Hackney Pony

1880年代につくられた。ハクニー・ポニーとハクニー(p.70)をいっしょにしてはいけない。ハクニー・ポニーはまさにポニーといえる特徴を備えている。骨格は軽く、頭は小さい。首は筋肉質で弓形にそる。軽い二輪馬車をひくのに使われる。

体 高 12.2〜14ハンド
原産国 カンブリア（イギリス）
色 青毛、青鹿毛、鹿毛、栗毛

ニュー・フォレスト・ポニー　New Forest Pony

イギリス原産の種の中では大きい部類に入る。転ばずしっかり歩くことができるので、歩きづらい地面の続くニュー・フォレスト（イギリス）で現在でも使われている。馬場馬術競技、ジムカーナ、障害飛越競技、馬車競技にも使われる。

体 高 14.2ハンド以下
原産国 ニュー・フォレスト（イギリス）
色 パイバルド、スキューバルド、小斑以外のすべての色

長いなで肩は乗馬に向く

ランディ・ポニー
Lundy Pony

1928年、ランディ島(イギリス)で島の所有者マーティン・コールズ・ハーマンによってつくられた新しいポニー種。胸は広く、脚は強い。首は筋肉質、背中はひきしまっている。おだやかな気性のため子どもに人気がある。

体 高 13.2ハンド以下
原産国 ランディ(イギリス)
色 薄墨毛、芦毛、粕毛、鹿毛、月毛、栃栗毛

ダートムア
Dartmoor

原産地の荒れ果てた丘陵地（このような土地をムアという）は陸からも海からも入りやすかったので、何百年にもわたってたくさんの馬種が運びこまれ、ダートムアと交配された。現在も荒れ地の広がる丘陵地だが、ダートムアの純血種はほとんど残っていない。

体 高 12.2 ハンド以下
原産国 デボン州ダートムア（イギリス）
色 青毛、青鹿毛、鹿毛、栗毛、芦毛、粕毛

エクスムア
Exmoor

イギリス原産のマウンテン・アンド・ムアランド種の中で一番古い。生息地が遠く離れていたので、あまり交配されてこなかった。このため純血に近い種が残っている。体はたくましく、力持ち。長距離の乗馬やけん引作業に向く。

体 高 11.2～12.3 ハンド
原産国 サマセット州エクスムア（イギリス）
色 青鹿毛、鹿毛、薄墨毛

広い胸囲

ソライア
Sorraia

ヨーロッパで最初に家畜化された馬の子孫。ソライアは現在も野生の祖先の特徴を残す。被毛には鰻線や下肢の横じまといった原始的な印がある。大きな頭やまっすぐな肩も初期のころの馬の特徴だが、ソライアはとくにこのような特徴をもつように品種改良された。

体　高　約14.2ハンド
原産国　ソライア川沿いの平原（ポルトガル）
色　薄い薄墨毛から濃い薄墨毛

じょうぶで、しまった体を支える短い脚

ランデ
Landais

もともとは半野生のポニーだった。第二次世界大戦のころ、体格をがっしりさせるために重い馬種と交配された。現在では純血のランデはほとんどいない。1970年代にフランスでポニークラブ（ポニーの乗馬クラブ）ができはじめると、子ども向けの乗用馬として品種改良されだした。

体　高　13.1ハンド以下
原産国　ランド（フランス）
色　青毛、青鹿毛、鹿毛、栗毛

ポトク
Pottok

現在も残っているフランス原産のポニーは少ない。そのうちの一種が今も半野生のポトク。第二次世界大戦まではバスク地方で密輸人が荷物を運ぶために使っていた。体型にいくらか強さを欠く部分がある（たとえば短い首）ものの従順な気性のため現在では子ども用の乗用馬として人気がある。

体　高　11.1～14.2ハンド
原産国　バスク地方（フランス）
色　鹿毛、青鹿毛、青毛、ぶち毛

カマルグ
Camargue

フランス南部、ローヌ・デルタの湿地に生息する半野生のポニー。この一帯ではガルディアン（牛飼い）がカマルグに乗って黒いカマルグ牛の群れを世話する。おとなの馬になるころにオーナーのマークの焼印を入れられる。

体　高　14.2 ハンド以下
原産国　カマルグ（フランス）
色　芦毛

アリエージュ
Ariégeois

じょうぶな馬種。寒冷地のきびしい気候にも耐えることができる。1812 年、ナポレオン率いるフランス軍のロシア遠征で、過酷な条件をほかの大きな馬よりもうまく切り抜けた。足がとてもかたいので凍りついた山の急斜面を動き回ることができるし、足を守る蹄鉄をつけなくても長距離を移動できる。

体　高　14.1 〜 14.2 ハンド
原産国　ピレネー山脈東部（フランス）
色　青毛

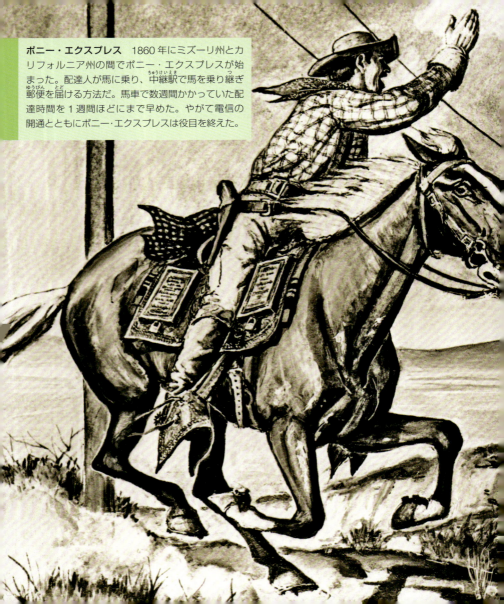

ポニー・エクスプレス 1860年にミズーリ州とカリフォルニア州の間でポニー・エクスプレスが始まった。配達人が馬に乗り、中継駅で馬を乗り継ぎ郵便を届ける方法だ。馬車で数週間かかっていた配達時間を1週間ほどにまで早めた。やがて電信の開通とともにポニー・エクスプレスは役目を終えた。

全行程 3,300 km をポニー・エクスプレスで一番速く届けたときの所要時間は

7 日と 17 時間

バシキール
Bashkir

氷点下の気温でも生きていくことができる。荷物を乗せたり、ひかせたりする馬としてつくられた。乳や肉も利用される。冬に生える厚い巻き毛は刈り取られ、紡がれて布になる。

体 高 約14ハンド
原産国 ロシア連邦
色 栗毛、鹿毛、薄い青鹿毛

スキロス・ポニー
Skyrian Horse

体は小さいがプロポーションは馬と同じ。優れた障害馬だ。被毛には鰻線と下肢の横じまがよく現れる。足はいつも黒色。近くに生息する野生のロバとの異種交配が進み、純血種が減っている。

体 高 約11.2ハンド
原産国 スキロス島(ギリシア)
色 鹿毛、薄墨毛、芦毛

カスピアン
Caspian

体は小さいがとても優れた障害馬。大きな馬と同じくらいの速さで走ることができる。体が細いので若い人の乗用馬に向く。

体 高 12.2ハンド以下
原産国 アラビア半島
色 ぶち毛以外のすべての色

ピンドス・ポニー
Pindos Pony

きびしい気候の中でできたえられ、えさがとても少ない状態でも生きていけるじょうぶな馬種。歩きにくい場所でも転ばずに歩ける。荷物を乗せて運搬させる。乗用馬、けん引用馬として、あるいは農作業、森林での作業に利用される。持久力があり、とてもがんこでもある。

体 高 13ハンド
原産国 テッサリア（ギリシア）
色 青毛、青鹿毛、鹿毛

バタク
Batak

インドネシアのバタク族の生活になくてはならないポニー。食用とされる以外に、乗用馬や競走馬としても利用される。骨が弱く筋肉もあまり発達してないが、落ち着いたおだやかな気性をもち、懸命に作業をすることで補う。

体 高 12〜13ハンド
原産国 スマトラ中部（インドネシア）
色 すべての色

チベッタン
Tibetan Pony

チベッタンは古代から存在したが、馬種として正式に認められたのは1980年になってから。かつてはよく中国の皇帝への貢ぎ物とされた。現代では荷物を乗せて運ばせたり、軽輓用、乗用に使われる。

体 高 12ハンド以下
原産国 チベット
色 おもに鹿毛または芦毛

サンダルウッド・ポニー
Sandalwood Pony

名前はインドネシアの主要な輸出品であるサンダルウッド（白檀）にちなむ。インドネシアで一番大きなポニー。乗用馬、農耕馬、運搬馬として利用される。馬具をつけ競走馬として競馬にも参加する。インドネシアでは裸馬（鞍をつけない馬）で5kmの距離を競走する競馬がある。

体　高　12.2 ハンド
原産国　スンバ島とスンバワ島（インドネシア）
色　すべての色

チモール
Timor

インドネシアで一番小さなポニー。インドネシアでは運搬用や乗用として重要なはたらきをする。牛飼いが牛を追いたてるときにも使う。

体　高　10〜12 ハンド
原産国　チモール島（インドネシア）
色　すべての色

スンバ
Sumba Pony

人が乗るときは、革を編んでつくった、伝統的な頭絡（馬の頭につける馬具）をつけることが多い。アジアの多くの国ではスンバは踊りを調教され、足に小さな鈴をつけて民族舞踏に参加する。

体　高　12ハンド
原産国　スンバ島（インドネシア）
色　すべての単色、薄墨毛

ジャワ・ポニー
Java Pony

猛烈な暑さに耐えることができるので、熱帯気候に位置するジャワ島（インドネシア）でとくに重宝される。おもにサドス（人や物を運ぶ二輪タクシー）をひくのに使われる。ほかの島のポニーとはちがい、ジャワ・ポニーには木製の鞍とひもでできたあぶみ（ひもでつくった輪につま先を入れる）をつける。

体　高	11.2 ～ 12.2 ハンド
原産国	ジャワ島（インドネシア）
色	すべての色

道産子（北海道ポニー）
Hokkaido Pony

日本原産の数少ない馬種のひとつ。ほかの乗り物が通れないような山間部での輸送や農作業に向く。かつて冬の間は野に放ち春になると集めて仕事をさせた。この繰り返しの中でじょうぶな体の馬種となった。

体　高　13 〜 13.2 ハンド
原産国　日本
色　鹿毛、青毛、栗毛、芦毛、粕毛

トカラ馬
Tokara Pony

昔はサトウキビしぼりなどの農作業に使われていた。農作業の機械化に伴いトカラ馬の出番が減ると飼育されなくなった。現在では絶滅の危機にある。トカラ馬を残す取組みが行われているが世界中で約 100 頭しかいない。

体　高　9.3 〜 11.3 ハンド
原産国　トカラ列島（日本）
色　青鹿毛

スレートブルーまたは黒色のひづめ

オーストラリアン・ポニー
Australian Pony

かつてオーストラリアに馬は生息していなかったため、初期の移住者たちはさまざまな馬種を連れてきた。オーストラリアン・ポニーはこのような馬種を交配させて1920年ごろまでにつくられた。歩き方がなめらかで、肩の角度もほどよいため子どもや若い人の乗用馬に適する。

体　高　14ハンド以下
原産国　オーストラリア
色　すべての色

アメリカン・シェトランド
American Shetland

がっしりした体のシェトランド（p.35）をもとにつくられたがシェトランドとは似ていない。シェトランドよりも四肢は長く、体は細くなり、より洗練された。子どもの乗用馬にぴったりだ。障害飛越競技、繋駕速歩競走、ジムカーナにも使われる。

体　高	11.2ハンド以下
原産国	アメリカ合衆国
色	小斑以外のすべての色

ポニー・オブ・アメリカ
Pony of the Americas

1954年、アイオワ州メーソン・シティ（アメリカ合衆国）のレスリー・ブームハウワーが、子どもの活動に適したポニーを提供するためにつくり出した馬種。四肢は短く強い。脚はかたく、地面で傷ついたり病気になりにくい。大放牧場での仕事、狩り、長距離の騎乗競技に理想的な体だ。

体 高 11.2〜14ハンド
原産国 アイオワ州（アメリカ）
色 小斑

ガリセニョ
Galiceno

かつてはなめらかで安定した駈け足のため人気があった。現在のガリセニョにもこの歩き方は残る。快適な歩き方と体の大きさは、ポニーから馬への移行を考えている子どもに向く。従順でじょうぶ。牧場、農場での作業や競技に使われる。

体 高 14ハンド以下
原産国 メキシコ
色 すべての単色

シンコティーグ・ポニー
Chincoteague Pony

アメリカ合衆国のアサティーグ島（現在は国立公園）とシンコティーグ島に置き去りにされた馬が野生化した馬種。現在は約200頭しかいない。生息地は塩分が多く、砂でできた島のため栄養のあるえさはほとんどない。その結果、骨密度が低く、四肢はいびつな形になるなどいくつか弱点をもっていたが、交配によって現在は改良された。

体 高 14.2ハンド以下
原産国 ヴァージニア州シンコティーグとアサティーグ（アメリカ）
色 ほとんどの色

ニューファンドランド・ポニー
Newfoundland Pony

昔は輸送はもちろん、土を耕したり、漁網を引いたり、干し草を集めたりするときにも使われた。ところが機械化が進むとニューファンドランド・ポニーの出番も減り、ひんぱんには繁殖されなくなった。現在の生息数は400頭以下。絶滅の危機にあると考えられている。

体 高 11～14.2ハンド
原産国 ニューファンドランド（カナダ）
色 青毛、青鹿毛、鹿毛、栗毛、芦毛、粕毛、薄墨毛

ポニー競馬
シェトランドは体が小さくて強い。そして一般におとなしい気性のため子どもが扱うのにちょうどよい。写真はロンドン国際ホース・ショーのシェトランド・ポニー・グランド・ナショナル大会でシェトランドを駆る子ども騎手。

すべての馬種の中で
シェトランドは
体の大きさに比べて
一番の力持ち。
自分の体重の2倍の重さの荷物を
ひくことができる

軽種馬

体高が 14.2 から 16 ハンドの間の馬はほとんどが軽種馬に分類されます。軽種馬は一般に走るのが速く、体は大きいです。ポニーと比べると歩幅は広く、胸囲は丸くありません。このためおとなにとってはポニーよりも乗り心地がいいです。いくつかの馬種は交配を重ね改良されて、馬術競技会をはじめいろいろな競技に出場します。

ウェスタン乗馬 アメリカのカウボーイが、長時間の仕事に向くようにあみ出した乗り方。鞍や手綱などの馬具は牛を追うために特別につくられている。

軽種馬ってどんな馬？

軽種馬は走るのが速く、屈強で持久力があります。以前は戦場で使われていました。またときには人を乗せ、ときには軽い馬車をひき、あちこち人を輸送もしました。ところが技術が進歩し乗用車などが登場すると、このような仕事をする馬の需要は減りました。

軽種馬の体
軽種馬の四肢は長い。き甲から地面までの高さは体の長さよりも長い。このようなプロポーションの馬は、体高が 14.2 ハンド以下でもすべて軽種馬に分類される。

競走馬

軽種馬は競馬に秀でる。繋駕速歩競走では、斜対歩または側対歩のどちらかで小型の二輪車をひき、たがいに速さを競う。

き甲は肩の一番高い部分。よいき甲は背中に向かってなだらかに傾斜する。

軽種馬ってどんな馬？

軽種馬

軽種馬は軽い荷物をひいたり、人を乗せたりして速く走るように品種改良されてきました。昔はおもに荷馬車をひくのに使われました。おだやかな気性の馬です。現在は総合馬術競技や馬術競技会といったさまざまな競技にも参加しています。

ここに注目！
伝説の馬

歴史をひもとくと、戦いの中で重要な役割を果たし今も語り継がれる馬がいる。

スウェーデン温血種
Swedish Warmblood

ほとんどの軽種馬よりも体が大きい。肩と四肢と関節が強い。もともとは騎馬隊用に品種改良された。現在では障害飛越競技、馬車競技、総合馬術競技といった競技用馬として人気がある。温和な性質のため馬場馬術競技にも向く。

体高 15.2〜17ハンド
原産国 スウェーデン
色 すべての単色

◀ムーア人との戦いでスペインの軍を率いたスペインの英雄ルイ・ディアス（別名エル・シッド）が乗っていたのは愛馬バビエカ。

◀アレキサンダー大王はブケファロスに乗って戦場を駈けた。ブケファロスの死後、大王は新しくつくった都市の名前を愛馬にちなんでブケパラとした。

デール・グッドブランダール
Døle Gudbrandsdal

ノルウェーで飼われている馬の約半数はデール・グッドブランダール。もともとは荷物の運搬や農作業に使われていたが、乗用馬をつくるために体重の軽い馬種との交配が進んだ。

体　高　14.2 〜 15.2 ハンド
原産国　グッドブランダール・バレー（ノルウェー）
色　青毛、青鹿毛、鹿毛、栗毛

軽種馬 | 65

フィン・ホース
Finnish Horse

もともとフィン・ホースにはフィン・ドロートとフィン・ユニバーサルの2種類がいた。ドロートは重くがっしりした体で力持ち。歩く速度は速く機敏。1970年代以降は、軽いユニバーサルの方が乗用、輸送用、繋駕速歩競走用として求められるようになってきた。ユニバーサルはのんびりした気性で、とても持久力が高い。

体　高　15.2 ハンド
原産国　フィンランド
色　ほとんどが青毛、鹿毛、栗毛

クナーブストラップ
Knabstrup

ヒョウのような、めずらしい小斑のあることでよく知られる。昔はサーカスの馬として人気があった。シュレースヴィヒ戦争（1848～50年）でプロイセン王国と戦ったデンマーク軍もクナーブストラップを使った。

体　高　約 14.2 ハンド
原産国　デンマーク
色　ほとんどに小斑があるが単色もいる

デンマーク温血種
Danish Warmblood

比較的新しい馬種。強い四肢をもち、均整がとれている。自由な動きと生まれついての資質は馬場馬術や障害飛越競技に向く。

体　高
　　約16.2ハンド
原産国
　　デンマーク
色　すべての単色

フレデリクスボルグ
Frederiksborg

フレゼリク2世が1562年につくったフレゼリクスボー王立牧場で品種改良されてできた、デンマークで一番古い馬種。フレゼリク2世の望みどおり軍用馬でありパレードや宮廷儀式にも使える馬だった。はつらつと動く活動的なフレデリクスボルグは高級馬とされ多くが外国に売られた。このため王立牧場は1839年に閉鎖に追いこまれた。

体　高　15.3〜16ハンド
原産国　デンマーク
色　鹿毛、栗毛、芦毛、薄墨毛、月毛

ヴィエルコポルスキ
Wielkopolski

現在は絶滅したポーランド原産の2種類の馬(ポズナンとマスレン)を交配してつくられた。常歩の歩幅は広く、ゆっくり歩く。速歩ではまっすぐ水平に歩く。駈歩と襲歩は速い。

体高	16〜16.2ハンド
原産国	ポーランド中部・西部
色	すべての単色

トラケーネン
Trakehner

ヨーロッパで最良の温血種と広く認められている。馬場馬術や障害飛越競技が得意な競技用馬。軍用馬としても人気が高い。第二次世界大戦ではせまるソビエト軍を恐れ東プロイセンから逃げ出す人々を乗せて、1,200頭のトラケーネンが1,450kmを移動した。

力強い、なで肩

体 高 15.2 〜 16.2 ハンド
原産国 リトアニア
色 すべての単色

アイルランド輓馬
Irish Draught

競技用の馬をつくるために品種改良に使われることが多い。サラブレッドと交配してできる馬種をアイリッシュ・ハンターという。アイリッシュ・ハンターは世界最高のクロスカントリー競技用馬だ。

体 高 15.1 〜 16.3 ハンド
原産国 アイルランド、イギリス
色 すべての単色

力強いももをもつ後ろ脚は強い

ウェルシュ・コブ
Welsh Cob

ウェルシュ・コブはウェルシュ・マウンテン・ポニー（p.36）をもとにつくられた大型の馬種。かつては軍用馬として使われていたが、現在(げんざい)は乗用馬とされる。馬車競技にも使われる。競技用馬をつくるためにサラブレッドと交配されることが多い。

体 高 13.2 ハンド以上
原産国 ウェールズ（イギリス）
色 ぶち毛以外のすべての色

ハクニー
Hackney Horse

現代(げんだい)のハクニーは持久力(きゅうりょく)が高く、長い距離(きょり)を速歩(はやあし)で駆(か)けることができる。脚(あし)を高くあげ宙(ちゅう)に浮(う)くように見えることで知られる。競技場で馬車をひく姿(すがた)はとても見ごたえがある。

体 高 14.2 ハンド以上
原産国 ノーフォーク（イギリス）
色 鹿毛(かげ)、濃い青鹿毛(こ)、栗毛(くりげ)、青毛

前脚を高くあげる

クリーブランド・ベイ
Cleveland Bay

イギリス原産でもっとも古く、もっとも純血が保たれている馬種の一種。第二次世界大戦後、数が減り1962年にはイギリスにわずか4頭の雄馬しかいなかった。現在の生息数は世界中で500頭だけ。レア・ブリーズ・サバイバル・トラスト（希少種の保全に取り組む民間団体）では絶滅寸前のリストに入れている。

体　高	16〜16.2ハンド
原産国	クリーブランド（イギリス）
色	鹿毛

力強い臀部を使い障害物を飛び越える

アングロ・アラブ
Anglo-Arab

アラブの持久力とサラブレッドの速さをあわせもつ馬種としてつくられた。サラブレッドほど速くはないが、サラブレッドと同じプロポーションをしているので力強い襲歩で駈ける。

体　高　15.2 〜 16.3 ハンド
原産国　イギリス、フランス
色　すべての単色

サラブレッド
Thoroughbred

世界でもっとも速く走り、もっとも高値で取引される馬種のひとつ。巨大な競馬界はサラブレッドなしには成り立たない。ほかの馬種を品種改良して、競走用馬をつくるときの交配相手に使われることが多い。

体高　15〜17ハンド
原産国　イギリス
色　すべての単色

オランダ温血種
Dutch Warmblood

もっともよい結果を出している競走用馬の一種。四肢と足は強く、運動能力が高い。障害飛越競技や馬場馬術競技が得意。ブリーダーがオランダ温血種を繁殖させるときは、軽快に動き、整った体型とおだやかな気性をもつ馬だけを選ぶ。

体 高 16〜17 ハンド
原産国 オランダ
色 青毛、青鹿毛、鹿毛、芦毛

ヘルデルラント
Gelderlander

ヘルデルラントは馬車をひく鞍用馬つくるために品種改良されてできた馬種。軽い農作業もこなせる。四肢は短く強い。馬車競技でよい演技をする。

体 高 15.2〜16.2 ハンド
原産国 ヘルデルラント州（オランダ）
色 栗毛、鹿毛、芦毛

フリージアン
Friesian

はつらつと動き、バランスのよい歩き方をする。馬車競技ではすばらしい演技(えんぎ)を見せる。黒い被毛(ひもう)のため馬車用馬としてもよく使われる。

体　高　15〜16 ハンド
原産国　フリースラント
　　　　（オランダ）
色　青毛

フローニンゲン
Groningen

ひざを大きく動かすことができないため 1945 年まではきびしい農作業に使われていた。ところが活発で、何にでも利用できる馬が求められるようになり、フローニンゲンも小さく、締(し)まった体に品種改良された。このためもともとのフローニンゲンはほとんど存在(そんざい)しない。

体　高　15.3〜16.1 ハンド
原産国　フローニンゲン（オランダ）
色　青毛、鹿毛(かげ)、栗毛(くりげ)、芦毛(あしげ)

軽種馬

ベルギー温血種
Belgian Warmblood

ベルギーでは昔から農業用の馬として重種馬を育種してきた。ベルギー温血種は競技用馬をつくるために近年、品種改良された馬種である。機敏（きびん）に動き、馬場馬術競技（ばばじゅつきょうぎ）や障害飛越競技（しょうがいひえつきょうぎ）に向く。

体 高 15.1～17 ハンド
原産国 ベルギー
色 すべての色

バーバリアン温血種
Bavarian Warmblood

現在（げんざい）わかっている中で一番古いドイツ温血種の一種。もとは十字軍（1095～1291年）の時代までさかのぼる。現代のバーバリアン温血種の四肢（しし）は強くて短い。おだやかな気性（きしょう）で扱（あつか）いやすいため、障害飛越競技（しょうがいひえつきょうぎ）や馬場馬術競技（ばばじゅつきょうぎ）に向く。

体 高 15.2～16.2 ハンド
原産国 バイエルン州ロット・バレー（ドイツ）
色 すべての色

ハノーバー
Hanoverian

いろいろな競技でもっともよい結果を出しているヨーロッパ温血種の一種。障害飛越競技（しょうがいひえつきょうぎ）や馬場馬術（ばばじゅつ）での評価（ひょうか）が高い。きびしく選んで育種をしているため強さ、正確（せいかく）な動作、おだやかな気性（きしょう）を受け継（つ）ぐ。

体 高 約 16.1 ハンド
原産国 ハノーファー（ドイツ）
色 すべての単色

ウェストファーリアン Westphalian

ハノーバーについでドイツで一番数の多い温血種。交配に使われるハノーバーの影響を受けている。障害飛越競技や馬場馬術などの競技種目に理想的な馬種。

体 高 15.2〜17.2 ハンド
原産国 ドイツ
色 すべての単色

古代のイギリスにいた
ケルトの部族は白い馬を
神の使いと考えていた

アフィントンの白馬 イギリス南部にあるアフィントンの白馬は 3000 年以上前に白亜質の土を削って描かれた、長さ 110m におよぶ地上絵。健康と多産と死を司る、ケルトの馬の神を表すと考えられている。

メクレンブルグ
Mecklenburger

第二次世界大戦まで、メクレンブルグはどのような目的にも合う馬種として飼育された。騎馬隊、輸送、農作業に使われた。第二次世界大戦後、機械化が進むとはたらく馬としての役目を終え、現在ではおもに乗馬や競馬に使われる。

体　高	15.3 ハンド以上
原産国	ドイツ
色	青毛、鹿毛、栗毛、芦毛

ホルスタイン
Holstein

もとは現在よりも重く、馬車用馬として使われていた。乗用馬が求められるようになり、サラブレッドと交配された。現在のホルスタインはリズム感のある、正確でまっすぐな歩き方をし、馬場馬術や障害飛越競技に使われる。

筋肉質のもも

体　高	15.2〜17 ハンド
原産国	ホルシュタイン（ドイツ）
色	すべての単色

オルデンブルグ
Oldenburg

一番重いドイツ温血種。最初は、でこぼこの道を長く旅する馬車用馬としてつくられた。以後は求めに応じて品種改良され、現在(げんざい)では乗用馬として使われている。

体 高 16.1〜17.2 ハンド
原産国 オルデンブルク（ドイツ）
色 すべての単色

太い脚(あし)と短い管(かん)

軽種馬 | 81

ラインランダー
Rhinelander

かつては農業に使われていた重い馬種。交配を繰り返していく中で軽いラインランダーができた。軽いラインランダーはゆったりした落ち着いた気性をもち、娯楽のための乗馬に向く。

体 高 約 16.2 ハンド
原産国 ラインラント、ヴェストファーリア（ドイツ）
色 すべての単色

ヴェルテンブルグ
Württemburg

乗用馬や軽い農作業をする実用的な馬として 17 世紀に品種改良された馬を祖先にもつ。現代のヴェルテンブルグは体型がよく、運動能力が高いので障害飛越競技で優秀な成績を収める。

体 高 約 16.1 ハンド
原産国 バーデン・ヴュルテンベルク州マールバッハ（ドイツ）
色 青毛、青鹿毛、鹿毛、栗毛

ルシターノ
Lusitano

バランスのとれたすばやい動きをする。生まれつき前肢を高くあげることができる。協調性があり、応答が速い。馬場馬術や古典馬術でみごとな演技をするので需要が高まった。機敏性とバランスのよさは騎馬闘牛士にも人気だ。

体 高 15.1～15.3 ハンド
原産国 ポルトガル
色 多くは芦毛。鹿毛、青毛、薄墨毛、月毛、栗毛も

アルタ・リアル
Alter-Real

ポルトガルのアルテル・ド・ションという町で品種改良されてつくられた。名前の「アルタ」は地名にちなむ。「リアル」はポルトガル語で「王家」の意味。名前のとおり王家の馬として飼育された。古典馬術や馬車のけん引にも使われた。

体 高 15～16 ハンド
原産国 アルタ（ポルトガル）
色 青鹿毛、鹿毛、芦毛

アンダルシアン
Andalucian

アンダルシアンの歴史は長い。現代のアンダルシアンは強い四肢と肩をもち、機敏で運動能力が高い。たてがみと尾はウェーブがかかることが多い。

体 高 15.2〜16.2ハンド
原産国 ヘレス（スペイン）
色 ぶち毛を除くすべての色

肩は広くて強い

フレンチ・トロッター
French Trotter

19世紀のはじめ、フランスで速歩競技のために品種改良されつくられた。強い四肢をもち、バランスのとれた歩き方をする。

体 高 約16.2ハンド
原産国 ノルマンディー（フランス）
色 ほとんどが青鹿毛、鹿毛、栗毛

セル・フランセ
Selle Français

障害飛越競技用の馬としてつくられた。力強い馬種。はつらつと動き、歩幅は長い。クロスカントリー競技や総合馬術でよい演技をする。

体 高 15.2〜17 ハンド
原産国 ノルマンディー（フランス）
色 すべての色

フライバーガー
Freiberger

山育ちの農耕馬。活動的で足もとがぐらつかない。昔から荷物を乗せて運ばせたり、山あいの小さな農場では農作業に使われていた。現在ではけん引用、乗用、総合馬術競技用、輸送用として使われる。

体 高 14.3〜15.2 ハンド
原産国 スイス
色 鹿毛、栗毛

臀部の筋肉は強い

シャギア・アラブ
Shagya Arab

19世紀にハンガリーの騎馬隊で使う乗用馬としてつくられた。現在ではいろいろな競技に使われる。シャギア・アラブはアラブ種を祖先にもち、特徴や外観はアラブ種と似るが、アラブ種よりも体は大きく、強い骨をもつ。

体　高　15〜16ハンド
原産国　ボバルナ（ハンガリー）
色　芦毛、鹿毛、栗毛、青毛

ノニウス
Nonius

19世紀に品種改良され生まれたノニウスは重い頭、短い首、低い位置につく尾など体型に難があった。その後、さまざまなサラブレッドと交配され改良された。現在では優れた障害馬として競技で使われる。

体 高 15.1～16.1ハンド
原産国 ホルトバギー（ハンガリー）
色 青毛、青鹿毛、鹿毛

フリオゾー
Furioso

フリオゾー・ノース・スターともよばれる。フリオゾーをつくる中で使われた2種類の馬、フリオゾー（イギリスのサラブレッド）とノース・スター（ノーフォーク・ロードスターを先祖にもつ）にちなむ。どちらも雄馬をノニウスの雌馬と交配させ、それぞれから生まれた子どうしをさらに交配させて1885年に現在のフリオゾー・ノース・スターが生まれた。

体 高 15.2～16.3ハンド
原産国 アパジュプスタ（ハンガリー）
色 鹿毛、青毛、青鹿毛

強く、しまった体

サレルノ
Salerno

かつては騎馬隊で重宝された。現在はもっぱら乗用馬として利用れる。飛越能力が高い。サラブレッドの影響を受け、骨と脚のすらりと伸びた、強くかつ美しい体型をしている。

体　高　16〜17 ハンド
原産国　カンパニア（イタリア）
色　ほとんどが青毛、鹿毛、栗毛

ムルゲーゼ
Murgese

軽い物をひく作業や農場での作業に使われる。短い歩幅、あまり発達していない臀部など体型に関して難はあるものの、はつらつと動き、おだやかな気性を示すことから優れた乗用馬をつくるための交配種として利用される。

体　高　14.3〜16.2 ハンド
原産国　ムルジュ（イタリア）
色　すべての単色

サン・フラテーロ
Sanfratellano

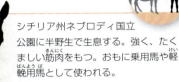

シチリア州ネブロディ国立公園に半野生で生息する。強く、たくましい筋肉をもつ。おもに乗用馬や軽輓用馬として使われる。

体 高 14.3～15.3 ハンド
原産国 シチリア（イタリア）
色 鹿毛、青毛

マレンマーナ
Maremmana

昔は軍隊や警察で使われていた。いろいろな目的に利用でき、農作業や輓用にも使われる。イタリアの牛飼いはマレンマーナに乗って牛を追う。

体 高 15.3～17 ハンド
原産国 トスカーナ（イタリア）
色 すべての単色

リピッツァナー
Lipizzaner

もともとは貴族の馬術用につくられたが、現在では乗用馬、馬車用馬、輓用馬として使われる。古典馬場馬術に優れる。多くの馬種の平均寿命は28年だが、リピッツァナーの寿命は長く、30年以上生きる。

体　高　15.1～15.2ハンド
原産国　リピカ（スロベニア）
色　ほとんどが芦毛。青毛、鹿毛も

バルブ
Barb

昔から現在まで世界中のほとんどの馬種をつくるのに利用されてきた。世界の馬種の基礎となる一種。もとは軍隊で使われていたが、現在は競馬や、ほかの競走馬をつくるために利用される。

体 高 13.2〜15 ハンド
原産国 モロッコ
色 すべての色

王家の馬 リピッツァナーは気品を備え、古典馬場馬術(てんばばばじゅつ)のむずかしい演技(えんぎ)をすることで知られる。リピッツァナーの演じる曲芸のような動きの高等馬術には力強さと抑制(よくせい)とバランスが求められる。オーストリアにあるスペイン馬術学校ではリピッツァナーの最高の演技を見学できる。

リピッツァナーの雄馬が
「地上の調べ」ともいわれる馬場馬術を
披露できるようになるまでには
10年かかる

クラドルーバー
Kladruber

チェコ共和国のクラドルーブには 1579 年にルドルフ2世によってつくられた王立牧場がある。ここで最初に品種改良された馬種がクラドルーバー。もともとはオーストリア王室の馬車馬として使われた。

体 高 15.2〜16.3 ハンド
原産国 チェコ共和国
色 青毛、芦毛

2011年、イギリスのウィリアム王子とケイト・ミドルトンの結婚を祝い、チェコ共和国はクラドルーバーを贈った。

カラバク
Karabakh

アゼルバイジャンの平原と山が連なる地帯が原産。チャブガン（ポロに似た競技）など騎馬競技で使われる。アゼルバイジャンの国馬とされ、切手にもカラバクの姿が描かれている。

体　高　14.2〜14.3ハンド
原産国　アゼルバイジャン
色　金属のような光沢のある金色を帯びた鹿毛または栗毛、芦毛

細くて長い四肢は競馬に向く

チェコ温血種
Czechoslovakian Warmblood

もとは騎馬隊で使われた。現在ではさまざまな競技や軽い農作業に使われる。おだやかな気性のため、乗馬を習いはじめた人に向く。

体　高　15.3〜16.3ハンド
原産国　チェコ共和国
色　ほとんどが青毛、鹿毛、栗毛

アハルテケ
Akhal-Teke

アハルテケはトルクメニスタンで古くから飼育され、かつては軍隊で使われたこともあった。現在では国章に描かれている。19世紀にはたびたびロシア皇帝への貢ぎ物とされた。過酷な砂漠の中で飼育され持久力の高いことでよく知られる。もとは砂漠の部族がおもに乗用馬として利用していたが、現在では競技用に使われる。

体　高　14.1〜17ハンド
原産国　トルクメニスタン
色　ほとんどが鹿毛、薄墨毛。金属のような輝きのある青毛、栗毛、月毛。芦毛も

1935年、アハルテケは砂漠の中を84日間ほとんど飲まず食わずで走りきった。走行距離は4,128kmにおよんだ。

ブジョンヌイ
Budenny

名前は騎兵軍の指揮官セミョーン・ブジョンヌイにちなむ。セミョーンが設立した種馬牧場で1920年代に品種改良が行われブジョンヌイがつくられた。本来はロシアの騎兵用だったが、現在では障害物競馬、エンデュランス競技、馬場馬術に使われる。

体　高　16～16.3 ハンド
原産国　ロシア連邦
色　ほとんどが栗毛、鹿毛

テルスク
Tersk

走るのが速く、エンデュランス競技や平地競走でみごとな走りをする。被毛は薄いが寒くきびしい天候の中を生き抜くことで知られる。

体 高 14.3 ～ 15.1 ハンド
原産国 北コーカサス
色 芦毛、鹿毛、栗毛

カバルディン
Kabardin

山岳地帯が原産で足もとがしっかりしているため険しい道や川、深い雪の中も難なく進む。優れた方向感覚をもち、山に霧が立ちこめても迷わない。荷物を乗せて運ぶ。乗用にも使われる。

体 高 15 ～ 15.2 ハンド
原産国 北コーカサス
色 青毛、鹿毛

ドン
Don

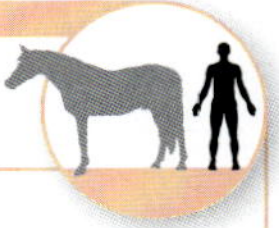

とてもきびしい寒さの中でも仕事をこなす強さと能力が評価され、昔から騎馬隊で使われてきた。1812年、フランス軍のロシア侵攻に立ち向かったコサック騎兵の騎馬隊はよく知られている。強い体とおだやかな気性をもつが、短い肩（歩幅が狭くなる）など体型にはいくらか欠点もある。

体 高 16.1 ハンド
原産国 ロシア連邦
色 青鹿毛、鹿毛、金属の輝きを帯びた栗毛

戦争のたびにドンはタチャンカ（後ろ向きに機関銃を備え付けた馬車）をひいた。

オルロフ・トロッター
Orlov Trotter

18世紀後半、繋駕速歩競走(けいがそくほきょうそう)に向く馬を求めていたロシアの貴族(きぞく)アレクセイ・オルロフによってつくられた。走るのが速く、トロイカ(ロシアの3頭立ての馬車)をひくのによく使われる。オルロフ・トロッターは体高が高く体が強いため、近年はほかの馬種の品種改良にも使われる。

体 高 15.3〜16ハンド
原産国 モスクワ(ロシア)
色 青毛、鹿毛(かげ)、栗毛(くりげ)、芦毛(あしげ)

ロシアン・トロッター
Russian Trotter

筋肉のがっしりした体格。調教しやすく、競馬に向く。脚は強いが、体型はオルロフ・トロッターほどがんじょうではない。

体 高 15.2〜15.3 ハンド
原産国 ロシア連邦
色 ほとんどが青毛、鹿毛、栗毛。芦毛も

アラブ
Arab

世界でも1、2を争うほど古い馬種。先祖は紀元前2500年までさかのぼれる。現代の多くの馬種はアラブを使って改良されてきた。アラブの一番の特徴は横顔が眼の下あたりでわずかにくぼむディッシュ・フェイス（皿顔）をしていること。

体　高　14.1〜15.1ハンド
原産国　アラビア半島
色　ほとんどが鹿毛、栗毛、芦毛。青毛、粕毛も

マルワリ
Marwari

インドのジョドプル原産の希少な馬種。ジョドプルでは昔からマルワリを調教し、宝石や鈴で飾り立てて結婚式などの儀式でダンスをさせた。現在でも農村地域では人気の出し物だ。優れた演技能力は馬場馬術にも向く。

体　高　14.2〜15.2ハンド
原産国　ジョドプル（インド）
色　すべての色

カチアワリ
Kathiawari

インドのいくつかの州の警察隊で使われている。食べ物や水がほとんどない中でも生きのびることのできる強い馬種。耳がとてもよく動き、そばだてるときは耳を内側に曲げて先端を重ねる。

体　高　約15ハンド
原産国　カチアワリ（インド）
色　芦毛、栗毛、すべての色合いの薄墨毛

オーストラリアン・ストック・ホース
Australian Stock Horse

強さと高い持久力を備え、重い荷物を運んだり、牛や羊を一日中追うことができる。かつては騎馬隊で使われ、多くの国の軍隊用に輸出された。現在ではおもに乗用馬として使われる。

体 高 14～16ハンド
原産国 ニュー・サウス・ウェールズ（オーストラリア）
色 ほとんどが鹿毛

ロカイ
Lokai

体は小さいが強い。コーカサス山脈の険しい土地で荷物を乗せて運ぶのに使われる。乗用馬としても使われ、タジキスタンの伝統競技コックパーではロカイに乗ってヤギの死骸を奪いあう。

体 高 13～14.3ハンド
原産国 タジキスタン
色 ほとんどが青毛、鹿毛、栗毛、芦毛

ミズーリ・フォックス・トロッター

Missouri Fox Trotter

少し変わった歩き方「フォックストロット」をすることで知られる。常歩では前脚を、速歩では後ろ脚を力強く動かす。フォックストロットをしている間、背中は安定したまま進むので乗り心地がとてもよい。

体　高　14 〜 16 ハンド
原産国　アーカンソー州、ミズーリ州（アメリカ）
色　青毛、青鹿毛、鹿毛、栗毛、薄墨毛

アパルーサ
Appaloosa

被毛に小さな斑点がある。小斑の入り方（模様）は5種類（レパード、スノーフレーク、ブランケット、マーブル、フロスト）ある。アパルーサの眼は虹彩（黒目の部分）のまわりの強膜（白目の部分）が見える。これもアパルーサだけがもつめずらしい特徴だ。

体 高 14.2 ハンド以上
原産国 アメリカ合衆国（確立された）
色 小斑

レパード模様

アパルーサはアメリカ合衆国アイダホ州では州を代表する馬とされる。車のナンバープレートにもその姿が描かれている。

パロミノ
Palomino

パロミノとは厳密には被毛の色（月毛）であり、パロミノという馬種はいない。金色（月色）の被毛、白いたてがみと尾をもつ馬をパロミノとよぶ。2頭のパロミノを交配させて同じ毛色の子が生まれる確率は50％しかない。

体　高	14.2ハンド以上
原産国	アメリカ合衆国（確立された）
色	月毛

クォーターホース
Quarter Horse

短距離を全速力で走ることで知られる。名前はクォーターマイル（4分の1マイル；400m）を走る競馬に使われたことに由来する。牛追いやロデオ競技にも使われる。

体 高 14.3〜16ハンド
原産国 アメリカ合衆国
色 ほとんどの色

ピント
Pinto

パロミノと同じくピントも毛色の種類（ぶち毛）であり、馬種ではない。ピントの語源はスペイン語のpintado（色を塗ったという意味）。被毛の模様にはたくさんの種類がある。よく見る模様は単色の被毛に白色の斑紋があるオベロと、白い被毛に単色の斑紋があるトビアノ。

体　高　さまざま
原産国　アメリカ合衆国
色　斑紋

オベロ。白い斑紋がジグソーパズルのように見える

アラアパルーサ
Araappaloosa

アラブとアパルーサを交配させてつくられた。高い持久力、しっかりした足もと、特徴のある被毛でよく知られる。エンデュランス競技、馬術競技、大放牧場での作業に向く。

体　高　14〜15ハンド
原産国　アメリカ合衆国
色　小斑

ロデオ ロデオ競技にはブロンコ・ライディングをはじめいろいろな種目があり、カウボーイが放牧地で作業をしたり、新しい馬をならすときに使ってきた伝統的な技をそれぞれの種目で披露する。馬のおなかに回した綱をひいて後ろ脚を蹴り上げさせるため問題となることがある。

ロデオの中でも注目の種目 ブロンコ・ライディングは
暴れ馬に8秒以上乗る競技

モルガン
Morgan

強い臀部と足をもつ、じょうぶな馬種。体力と持久力があることからアメリカの南北戦争（1861〜65年）ではよく使われた。今日では狩猟、障害飛越競技、馬場馬術競技、馬車競技に使われる。

体　高	14.1〜15.2ハンド
原産国	マサチューセッツ州、バーモント州（アメリカ）
色	すべての色があるが、ほとんどは鹿毛、栗毛

コロラド・レンジャー
Colorado Ranger

19世紀後半にアラブとバルブをもとにつくられた。アラブとバルブの血をひく馬を繋駕速歩競走用の雌馬と交配させたのち、斑紋のある馬がつくられた。コロラド・レンジャーの四肢は強く、体は締まり、足はかたいので使役馬としてすばらしいはたらきをする。

体　高	14.2〜15.2ハンド
原産国	コロラド州（アメリカ）
色	青毛、鹿毛、栗毛、芦毛、粕毛、小斑

モラブ
Morab

モラブはアラブとモルガンをもとにつくられた。名前もこの2馬種に由来する。モラブは農場の仕事もこなせる馬車用馬として1880年代につくられた。現在では乗用馬としても使われる。

体　高　14.1〜15.2ハンド
原産国　アメリカ合衆国
色　すべての色、ただし小斑はない

テネシー・ウォーカー
Tennessee Walking Horse

とても乗り心地のよい歩調の馬種。次に示す3種類の独特な歩き方をする。長い歩幅できびきびと足を運ぶ、時速6〜13kmのフラットウォーク。それより速いランニングウォークは時速16〜32km。そしてまるでロッキングチェアに座っているような乗り心地の駈歩。

体　高　14.3〜17ハンド
原産国　テネシー州（アメリカ）
色　すべての色

スタンダードブレッド
Standardbred

強い臀部と脚と足をもつ。繋駕速歩競走馬としてトロット(斜対歩)にもペース(側対歩)にも使われる。1.6kmを2分以内で走る。

体 高	14.2ハンド以上
原産国	東海岸(アメリカ)
色	ほとんどの色

ロッキー・マウンテン・ホース
Rocky Mountain Horse

なめらかな側対歩で歩くことで知られる。ロッキー・マウンテン・ホースの側対歩はなめらかで、起伏の多い土地でも乗り心地がよい。足もとがしっかりしているため乗用馬として使われる。またアメリカ合衆国ワイオミング州やモンタナ州などに広がる開拓されていない地域では荷物を運ぶのに使われる。

体　高　14.2〜16ハンド
原産国　ロッキー山脈（アメリカ）
色　　　チョコレート

ペルビアン・パソが演技をする伝統馬術はペルーの文化遺産に指定されている。

カンポリーナ
Campolina

名前はブラジルに拠点をおく育種家カッシアーノ・カンポリーナにちなむ。安定した側対歩で歩くため娯楽の乗用馬、馬車用馬、馬場馬術に向く。

体　高　約16ハンド
原産国　ブラジル
色　ほとんどの色

ペルビアン・パソ
Peruvian Paso

パソ・ラーノとよばれる独特の歩き方を生まれつきするようにつくられた馬種。パソ・ラーノとは前脚のひざから下が外側に動く、なめらかで快適な歩き方。ペルビアン・パソはパソ・ラーノで長距離を歩くことができる。

体　高　14.1～15.3ハンド
原産国　ペルー
色　すべての単色、粕毛、月毛

外側に弧を描く前脚

クリオージョ
Criollo

きびしい環境の中、わずかな食べ物と水でも生きていくことのできるじょうぶな馬種。持久力がとても高い。人を乗せて険しい道を長く歩くことができる。ガウチョ（南アメリカのカウボーイ）はクリオージョに乗ってたくみに牛を追う。

体 高　13.3〜15.1 ハンド
原産国　アルゼンチン
色　すべての色

ファラベラ
Falabella

現在知られている中で史上最小のファラベラは名前をシュガー・ダンプリングという。体重13.6kg、体高5ハンドの雌馬。

すべての家畜化された馬とポニーの中で一番小さい馬種。クリオージョをシェトランド、さらにはサラブレッドと交配させてつくられた。ところが小さな馬をつくるために近親交配が続けられ、ファラベラの体型にはいくつか問題も出てきた。小さすぎて人が乗ることはできず、ほとんどがペットとして飼われている。

体　高　6.1〜8.2ハンド
原産国　ブエノスアイレス（アルゼンチン）
色　ほとんどの色

古代ローマで二輪戦車競走が行われた一番大きな競技場はキルクス・マクシムス。**25万人**を収容できた

二輪戦車競走 二輪戦車競走は古代ローマで人気があった。競走はチームを組んで行われた。チームは色分けされ赤、白、青、緑の4チームが有力だった。左の絵はキルクス・マクシムスで競う赤チームと青チームを描いた19世紀の作品。

重種馬

蒸気機関が発明される前の動力源はおもに重種馬でした。重種馬は人や物を運んだり、畑を耕したり、穀物を脱穀したりするのに使われました。重種馬は冷血種ともいい、たいていは体高 16.2 ハンド以上です。現在では輓用馬や農用馬として飼育されています。

運搬 現在でも重い荷物の運搬に、体が大きくて強い重種馬を利用することがある。とくに機械が使えないような場所では重種馬が活躍する。

重種馬ってどんな馬？

重種馬は大型の輓用馬です。輓用馬とは農耕作業をしたり、丸太など重い荷物を運搬したりする馬です。また強い乗用馬をつくるために重種馬は軽種馬と交配されることがよくあります。

重種場の体

一般に重種馬は背中が広く、したがって体の幅も広い。臀部も横幅があり筋肉が発達しているためとても強い。重種馬の多くはひづめの上に長いふさふさの毛（けづめ毛）が生える。けづめ毛には脚を守り、寒い環境の中ではたらくときには寒さを防ぐはたらきがある。

重種馬の力の源は臀部の大きな筋肉にある。発達した筋肉のおかげでとても重い荷物をひくことができる。

ビール工場ではたらく馬

1800年代、重種馬はとくにイギリスの**ビール産業**で重要な役割を果たした。送水ポンプを動かし、石臼を回転させ、ビール樽を積んだ四輪車をひいたのはみな重種馬だった。

重種馬

重種馬の特徴は強い筋肉とがっしりした骨格と短くて広い背中です。このような体型は重い荷物をひいたり、農耕作業をしたりするのに適しています。時々は人が乗ることもあります。

ここに注目！
蹄鉄
ひづめがすり減ったり傷ついたりしないように、飼育している馬には蹄鉄をつける。

▲溝のある蹄鉄は軽く、すべりにくい。

▲溝のない蹄鉄には穴だけがあいている。このような蹄鉄は重い荷物をゆっくりひく作業に向く。

ノース・スウェディッシュ・ホース
North Swedish Horse

体のひきしまった活動的な馬種。ノース・スウェディッシュ・ホースはスウェーデンでただ一種類の重種馬。力が強く、体はじょうぶで、重い荷物をひくことができる。農場や森林での作業に使われる。乗用馬や馬車用馬としても使われる。

大きな頭と長い耳

体　高　15〜15.2ハンド
原産国　スウェーデン北部
色　青毛、青鹿毛、栗毛、芦毛、薄墨毛、月毛

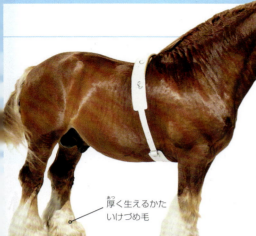

ユトランド
Jutland

デンマーク原産。先祖はユトランド半島で何世紀にもわたって育種されてきた。現在でも農作業や重い荷物の運搬に使っている地域もある。

体 高 15～16 ハンド
原産国 ユトランド半島（デンマーク）
色 ほとんどが栗毛。青毛、青鹿毛、粕毛も

厚く生えるかたいけづめ毛

ノリーカー
Noriker

体は強く、足もとはしっかりしている。山岳地帯での作業に向く。森林では丸太を運び、農場では農耕作業をこなす。

体 高 15.3～17 ハンド
原産国 中央アルプス（オーストリア）
色 青毛、鹿毛、栗毛、芦毛、小斑

前脚の筋肉は発達し、関節は大きい

シュレスウィッヒ
Schleswig

19世紀に中型の輓用馬としてつくられ、おもにバスやトラム（路面電車）の車両をひいていた。交通手段の機械化が進むにつれてシュレスウィッヒの出番は減った。現在でも農作業や丸太の運搬に使われる。観光馬車など娯楽向けの馬車をひくこともある。

体　高　15.2 〜 16 ハンド
原産国　ドイツ
色　ほとんどが栗毛。鹿毛、芦毛も

ブラバント
Brabant

ベルギー重輓馬ともよばれる。ヨーロッパではブラバントを使って何種類もの輓用馬がつくられた。ほかの馬種に大きな影響をあたえた重要な馬種。おだやかな気性も人気に一役買っている。

体　高　15.2 〜 17 ハンド
原産国　ベルギー
色　ほとんどが鹿毛、粕毛。栗毛、芦毛も

アルデンネ
Ardennais

19世紀に農場で輓用馬として使うために品種改良された。第一次世界大戦では大砲や弾丸を運んだ。現在では農業で使われ、食肉にもされる。

太い脚。かたいけづめ毛が厚くおおう

ブーロンネ
Boulonnais

持久力があり、長い距離を同じ速さで走ることができる。もとは軍用馬、農用馬、馬車用馬として使われていた。このような分野での機械化の進展とともに需要は減り、現在ではおもに食肉にされる。

体 高 14.3～16.3 ハンド
原産国 ブローニュ（フランス）
色 ほとんどが芦毛。青毛、鹿毛、栗毛も

絹のような皮ふ。血管が見える

体 高 15.1～16.1 ハンド
原産国 アルデンヌ（フランス）、ベルギー南東部
色 ほとんどが鹿毛、粕毛。栗毛、芦毛も

ブルトン
Breton

フランス北西部の原産。フランスのブドウ農園で輓用馬として使われる。体が強く持久力があるので農作業には理想的な馬種。品種改良があまり進んでいない馬の質を上げるための交配種としても利用される。

体 高 15.1～16.1 ハンド
原産国 モンターニュ・ノワール（フランス）
色 ほとんどが栗毛。鹿毛、粕毛も

ペルシュロン
Percheron

> ペルシュロンは温和な馬。アメリカのディズニーランドで馬車をひく馬の中にもペルシュロンがいる。

体がじょうぶで、おだやかな気性(きしょう)の馬種。おもに輸送や農作業に使われる。食肉にもされる。ペルシュロンにはいくつかタイプがあり、フランスではパリでトラム(路面馬車)をひかせるために軽いタイプのペルシュロン(ポスティエ)がつくられた。

体　高　16〜17.2 ハンド
原産国　ノルマンディー(フランス)
色　芦毛(あしげ)、青毛

ノルマン・コブ
Norman Cob

フランスのノルマンディーの牧場では何世紀にもわたってノルマン・コブを種牡馬として飼育してきた。交配の結果、現在のノルマン・コブはもとのノルマン・コブよりも重い。とはいえ軽快な走りは残っているので、農場で軽い運搬作業などに使われる。

体 高 15.3〜16.3 ハンド
原産国 ノルマンディー、マンシュ（フランス）
色 ほとんどが鹿毛、栗毛。芦毛も

四肢は短く、筋肉が発達する

オクソワ
Auxois

もともとは輸送や農作業で引き馬として使われていた。機械化の中で需要がなくなり、オクソワの数も減った。現在、おもに観光用の馬車をひく。また肉や乳は食用にされる。

体 高 15.3〜16.3 ハンド
原産国 フランス
色 ほとんどが鹿毛、粕毛。栗毛も

筋肉の発達したももと細長い脚

重種馬 | 131

ポアトヴァン
Poitevin

数百年前からポアトヴァンのメスをロバと交配させたラバがつくられている。ポアトヴァンの大きくて広い足は、生息する湿地帯での生活に適する。

体 高 16〜17ハンド
原産国 ポアトゥー（フランス）
色 鹿毛、青毛、薄墨毛、芦毛、栗毛、粕毛

イタリア重輓馬
Italian Heavy Draught

かつては農作業などで輓用馬としてさかんに使われていた。ところが機械化が進むと需要が減り、現在ではおもに食肉用として飼育されている。

体 高 15〜16ハンド
原産国 イタリア北部・中部
色 ほとんどが栗毛。鹿毛、粕毛も

サフォーク・パンチ
Suffolk Punch

脚は短く、胸は広い。昔の戦争では重い大砲をひいていた。とても力があるうえに、同じ用途の同じ大きさの馬種と比べるとあまり食べないので経済的。現在では重い粘土質の土地で使われる。けづめ毛がないので手入れしやすい。力の必要な農作業に適する。

体　高　約16.1 ハンド
原産国　サフォーク（イギリス）
色　栗毛

シャイアー
Shire

とても体が強い。輓用馬の中でももっとも重い部類に入る。体は大きいが、おだやかな気性のため扱いやすい。昔からビールの樽を積んだ重い荷車をひくのに使われてきた。現在では馬術競技会やすきけん引競技でよく見られる。

体　高　約17.2 ハンド
原産国　ミッドランド（イギリス）
色　青毛、青鹿毛、鹿毛、芦毛

太い胸囲

重種馬

クライズデール
Clydesdale

おもに市街地での重い運搬作業に使われる。足は大きく平らで、ひざは高く上がり軽やかに動く。ほとんどのクライズデールの脚には白斑があり、腹部まで広がることもある。馬術競技会や農作業で、あるいは乗用馬としてもよく使われる。

体 高 16.2 ハンド
原産国 ラナークシャー（スコットランド）
色 ほとんどが鹿毛、青鹿毛。青毛、栗毛、芦毛、粕毛も

アメリカン・クリーム
American Cream Draft Horse

アメリカでつくられた。クリーム色の被毛、ピンク色の肌、琥珀色の眼といっためずらしい特徴をもつ。おもに輓用馬として使われたが、20世紀の中ごろになると農作業の機械化が進み、アメリカン・クリームの数も大幅に減った。現在は保存活動が進み増えてきているところ。

体 高	15～16ハンド
原産国	アメリカ合衆国
色	クリーム

蒸気機関が発明されたころは、馬が荷物をひく力を基準に蒸気機関の力を表した。現在でも「馬力」を用いて車のエンジンの性能を表す

はたらく馬 機械が発明される前まで、農場で力の必要な作業をこなしていたのは馬だった。初期のコンバイン収穫機(しゅうかくき)は馬30頭でひいた。現在(げんざい)では重種馬の多くは品評会(ひんぴょうかい)を兼(か)ねた馬術競技会(ばじゅつきょうぎかい)に使われる。中にはアメリカのアーミッシュのように馬を使って農作業を続けている人もいる。

タイプ

馬の分類のしかたには馬種のほかにタイプもあります。馬種が体型を基準に分類するのに対し、タイプは馬の機能（使用目的）を基準にして分類します。国ごとに使用目的に応じた馬種やタイプがつくられています。同じような仕事をする馬ならば、国（原産地）はちがっても似たような性質をもっています。

乗用ポニー
乗用ポニーは気性がおだやかで、乗り心地がよいため子どもが乗るのに向く。

タイプ

ここでとりあげる馬のタイプとは純血種、あるいは育種団体が定めた規準に合う馬種といった分類のしかたではありません。特性をいかして、たとえば狩猟など馬の使われる目的をもとに分類したものです。特定のタイプの性質を生まれつきもつ馬もいるし、目的に合う別の馬との交配によって特定のタイプの性質をもつようになった馬もいます。

コブ
Cob

短くて力強い四肢をもつ。この体型は重い物を運ぶのに向く。イギリスでは馬術競技会でよく使われ、競技会に参加するときにはかならずたてがみがそられる（上の写真をよく見て）。

体 高　14.2～15.1ハンド
原産国　アイルランド、イギリス
色　すべての色

ハンター
Hunter

ハンターの体の特徴は地域によってちがう。たとえば小川や、土地を仕切る生け垣など障害となる物が自然の中に多い場所では、サラブレッドの運動能力とものおじしない気性をもつ馬が適する。ハンターは一日中、人を乗せたままハウンド犬について野を駈けるためにつくられた馬なので、地域に関係なくすべて高い持久力をもつ。典型的なハンターは行く手に障害となる物があってもかかんに飛び越せる。

体　高　14.2 ハンド以上
原産国　アイルランド、イギリス
色　すべての色

よく傾斜した肩は障害物を飛び越えるのに向く

ライディング・ポニー
Riding Pony

ポニーと小型のサラブレッドとの交配によってつくられた。乗用、馬術競技用。見かけはポニーだが、プロポーションと動きはサラブレッド。

体 高　14.2ハンド以下
原産国　イギリス
色　すべての色

ハック
Hack

典型的なハックはよく調教され、バランスのとれた歩き方をするので乗用馬に向く。馬術競技会ではサラブレッドと交配されたハックが多く、気品を備えている。

体　高　さまざま
原産国　イギリス
色　すべての単色

ポロ・ポニー
Polo Pony

ポロ・ポニーで一番に目がいくのはしまった体つき。ポロ・ポニーには速さと機敏さと扱いやすさが求められる。ポロ・ポニーをつくるためにはサラブレッドが重要な役割を果たしたが、現在、最高とされるポロ・ポニーはアルゼンチンでクリオージョ（p.118）と交配させてつくられる。

体　高　約15.1ハンド
原産国　アルゼンチン
色　青毛、青鹿毛、鹿毛、栗毛、芦毛、粕毛

強い四肢ですばやく向きを変え、急に止まることができる

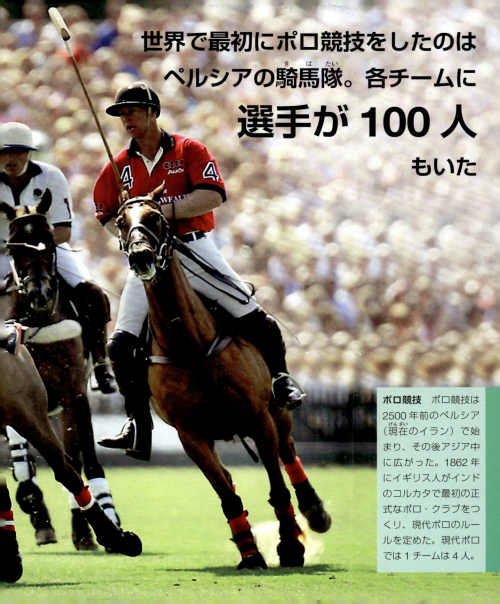

世界で最初にポロ競技をしたのはペルシアの騎馬隊。各チームに選手が100人もいた

ポロ競技 ポロ競技は2500年前のペルシア（現在のイラン）で始まり、その後アジア中に広がった。1862年にイギリス人がインドのコルカタで最初の正式なポロ・クラブをつくり、現代ポロのルールを定めた。現代ポロでは1チームは4人。

有名な馬

神話に出てくる馬

★ 北欧神話に登場する主神オーディーンの馬**スレイプニル**には8本の脚がある。スレイプニルは死者の国まで駈けていくこともできた。

★ **ウッチャイヒシュラヴァス**はインド神話に登場する七つの頭をもつ空飛ぶ馬。天の神インドラを乗せた。

★ ギリシア神話には半身半馬（上半身が人間で下半身が馬）の**ケンタウロス**が登場する。医学と天文学の知識をもつことから敬われた。医学の神アスクレピオスの先生とされている。

★ ギリシアの戦士ベレロポンは翼の生えた馬**ペガソス**に乗り、キマイラ（ライオンの頭とヤギの体とヘビの尾をもつ生き物）を倒した。

★ ギリシア神話に登場する**アレイオン**は神聖な馬。海、嵐、馬の神ポセイドンを父に、収穫の女神デメテルを母にもつ。アレイオンは人間と同じように会話ができ、走るのがとても速かった。

★ **ケルピー**はケルト神話に登場する水妖馬。アイルランドやスコットランドの湖に現れるという。神話によれば人間を水の中にひきずりこんでは、おぼれ死にさせた。

文学に描かれた馬

• **ブラック・ビューティー**
アンナ・シュウエルの小説『黒馬物語』の主人公は馬のブラック・ビューティー。幼かったころはどれほど幸せで、どれほど自由だったか。けれどもロンドンに来て馬車をひくようになり、どんなふうにすべてが変わってしまったか。ブラック・ビューティー自身の口から自分の身に起きた出来事が語られる。

• **パイバルド**
イーニッド・バグノルドの小説『緑園の天使』の主人公は14歳の少女ベルベット・ブラウン。ベルベットの馬パイバルドはグランド・ナショナル障害物競馬で優勝した。

• **ジョーイ**
マイケル・モーパーゴの小説『戦火の馬』は馬のジョーイと前の飼い主アルバートの物語。第一次世界大戦でイギリス軍の軍馬としてフランスに行ったジョーイを兵士となったアルバートが見つけ出す。

• **ブラック・スタリオン**
1941〜89年までウォルター・ファーレイがシリーズ（全10巻）で書いた児童書『ワイルド・ブラック／少年の黒い馬』の主人公の馬がブラック・スタリオン。ブラック・スタリオンと飼い主アレック・ラムゼイの繰り広げる数々の冒険が描かれている。

記録のもち主

◆一番速い馬
1945年、ビッグ・ラケットがクォーター・マイル競走で20.8秒の記録を出し優勝した。このときの速さは時速69.5km。

◆一番高く一番重い馬
体高21.2ハンドのマンモス（1848年にイギリスで生まれたシャイアー種）は世界一背の高い馬であり、体重1,524kgの世界一重い馬でもある。

◆一番小さい馬
サンベリーナ（2001年にアメリカ、ミズーリ州で生まれた小さなミニチュア・ホース）は体高わずか4ハンド。

◆一番長生きした馬
1760年生まれのオールド・ビリーという名のシャイアー種は62年間生きた。馬では一番の長生き記録だ。馬の平均寿命はおよそ28年。

◆一番長いたてがみの馬
カリフォルニア州のモードという名の雌馬のたてがみは長さ5.5mだった。

◆一番長い尾の馬
一番長い尾をもつ馬はアメリカのチヌークという名のパロミノ。長さは6.7m。

◆一番優勝回数の多い馬
アメリカのサラブレッド、キングストン（1884～1912年）は1884～94年の間に出場した競走で89回優勝した。最多優勝記録だ。1955年にはアメリカ競馬名誉の殿堂博物館に入った。

◆一番連続優勝回数の多い馬
プエルトリコのサラブレッド競走馬、カマレロ（1951～56年）は1953～55年の間に56レース連続優勝した。最多連続優勝回数だ。

◆一番高い障害物を越えた馬
1949年2月5日、チリのサラブレッド、フアソ（1933～61年）はサンチアゴ（チリ）のビニャ・デル・マールで高さ2.47mの障害物を飛び越えた。これまでに馬が飛んだ障害物の中では一番高い。

◆一番長い障害物を越えた馬
1975年4月25日、ヨハネスブルグ（南アフリカ）で幅8.4mの池を飛び越えたサムシングのもつ記録が一番長い。

◆一番高い年齢で優勝した馬
一番高い年齢で優勝した記録をもつ馬は3頭のサラブレッド。レベンジは1790年にシュルースベリー（イギリス）で、マークスマンは1826年にアシュフォード（イギリス）で、ジョロックは1851年にバスラスト（オーストラリア）で、いずれも18歳で優勝した。

2004年生まれのアメリカのサラブレッド、グリーン・モンキーは約19億円で売られた。世界でも1, 2を争う高額取引きだ。

馬まめ知識 うままめちしき

びっくりする事実

♦ 2012年現在、地球上には約**7500万頭**の馬がいる。

♦ 馬は鼻と口をつなぐ鼻の後ろにある空洞（咽頭）がふさがれているので**口で呼吸ができない**。

♦ 馬の心臓の重さは平均で約**3.9kg**。人間のおとなの12倍の重さ。

♦ 450kgの馬は平均で1日約**45リットル**の水を飲む。人間の24倍の量。

♦ **低アレルギー性とされる馬**はバシキールだけ。ほかの馬にアレルギーがある人でもバシキールには乗れる可能性がある。バシキールの毛にはアレルギー反応を起こすタンパク質が含まれていないという研究結果が出されている。

♦ **馬の尾の毛**はチェロなど楽器の弓に使われる。

♦ **馬のひづめ**は1か月で1cm伸びる。

♦ 公式な記録では**サラブレッドの誕生日**は北半球ではすべて1月1日、南半球ではすべて8月1日と登録される。誕生日を統一することで繁殖や競走や競技会の記録を管理しやすくなる。

♦ 「**馬力**」という言葉はスコットランドの技術者ジェームズ・ワットが考えだした。蒸気機関のひく力を馬のひく力と比べて表す単位だ。1馬力は重さ75kgの荷物を1秒間に1mひくために必要な力。

♦ 馬は3組の切歯の生える時期が異なるので、歯を見ると**年齢**の見当がつく。また年齢が上がるにつれて切歯の形がだ円形から丸形、三角形、最後は四角形に変化する。

♦ 家畜化された馬には**約400種の馬種**がいる。

♦ 馬は尾でハエを追い払うし、**コミュニケーション**もとる。

馬恐怖症を*equinophobia*（エクイノフォビア）という。ギリシア語で恐れを意味する*phobos*とラテン語で馬を意味する*equus*に由来する。

有名な種馬飼育牧場

ヨーロッパで最初に種馬飼育牧場(スタッド)がつくられたのは12世紀。王家の馬や軍馬を品種改良するためだった。現在では政府が所有するものと、個人が所有するものがある。

- **ナショナル・スタッド(イギリス)**
イギリスの主要なサラブレッド種馬飼育牧場。1916年に設立された。

- **ル・パン(フランス)**
1715年に王立の種馬飼育牧場としてつくられた。フランスに20ある国立種馬飼育牧場の中で一番古い。おもにサラブレッド、ペルシュロン、セル・フランセ、フレンチ・トロッターを繁殖している。

- **ピバー・フェデラル・スタッド(オーストリア)**
1798年にできた、リピッツァナーをつくっている有名な牧場。この牧場で生まれたリピッツァナーがウィーンのスパニッシュ・ライディング・スクールで調教される。

- **ステート・スタッド・ツェレ(ドイツ)**
1735年にイギリスのジョージ2世がつくった。ハノーバーはおもにこの牧場で繁殖されている。

- **クラドルビ・スタッド(チェコ共和国)**
世界で最古といわれる種馬飼育牧場のひとつ。1597年にルドルフ2世(1576〜1612年)によってつくられて以来、クラドルーバーを繁殖し続けている。

- **ロイヤル・ヨルダニアン・スタッド(ヨルダン)**
アブドラ1世(1921〜46年)によってつくられた。アラブを繁殖する中東の主要な種馬飼育牧場のひとつ。

- **カルメット・ファーム(アメリカ、ケンタッキー州)**
1928年につくられたサラブレッドの種馬飼育牧場。馬の育種が盛んなケンタッキー州ブルーグラス地区にある牧場の中でもよく知られている。

馬のえさ

自然の中では馬は1日の大半を草を食べてすごす。人間に飼われて仕事をする馬や成長途中の馬にはエネルギーを補給するためにさらにえさがあたえられる。一般的な馬のえさは穀類、干し草、完全飼料。

★ 穀類
もっともよく馬のえさとされる穀類はオーツ麦(エンバク)。オーツ麦は繊維質を多く含み、消化しやすいから。

★ 干し草
草のかわりとして大量にあたえられる。干し草はほかのえさとはちがい、馬小屋の中でも冬場でもたいていいつも手に入る。

★ 完全飼料
完全飼料は、バランスのよい食べ物を馬にあたえるために調合されたえさである。完全飼料にはいくつか種類がある。たとえば競走馬用の完全飼料はポニー用とはかなりちがう配合になっている。

用語解説 ようごかいせつ

足 球節より下のひづめの部分。

遊び行動 動物がたがいに傷つけることなく戦うこと。遊び行動を通して狩りのしかたやコミュニケーションの方法を学ぶ。

あぶみ 馬に乗る人の足を支える、底が平らな道具。鞍の両側にひもでつなぐ。

歩き方 歩法ともいう。馬の自然な歩き方（走り方も含む）は常歩、速歩、駈歩、襲歩の4種類。

異種交配（いしゅこうはい） 異なる馬種を交配させること。

ウェスタン乗馬 アメリカのカウボーイの馬の乗り方。馬を片手で操り、もう一方の手で投げ縄などをもつ。

ウマ科 生物学による馬の分類。シマウマ、ロバも含む。

温血種 熱血種と冷血種の異種交配によって生まれた馬種。

カウボーイ 馬に乗り、牛の群れを追ったり世話をしたりする人。

家畜化（かちく） 馬を飼いならすこと。交配を管理することで特定の性質をもつ馬をつくる。

管（かん） 有蹄動物のひざと球節の間の骨。

き甲（きこう） 馬の肩の一番上の部分。

球節 管と足の間の関節。

胸囲（きょうい） き甲の後ろを通る、体の一番太い部分の長さ。

近親交配 近い関係にある動物どうしを交配させること。遺伝的な原因で体に変形を生じることがある。

鞍（くら） サドルともいう。人が乗るために馬の背に置く道具。一般に革でできている。

けづめ毛 球節の上に生え、ひづめをおおう長くてふさふさの毛。

けん引 車（台車や馬車など）を馬がひくこと。

子 生まれてから1年以内の馬。

古典馬術（こてんばじゅつ） 最小限の動きで馬を制御し、人と馬が完全に一体となる乗馬の型。

湿地（しっち） 洪水で冠水したり、水を含んだりして年中やわらかい低地。

獣医師（じゅういし） 動物を専門に診る医師。

種馬（しゅば） 種馬（たねうま）ともいう。繁殖させるために使われる雄馬。

種馬飼育牧場（しゅばしいくぼくじょう） スタッド牧場ともいう。馬を繁殖させる牧場。

純血種（じゅんけつ） 同じ血統の馬種から生まれた馬。

障害飛越競技（しょうがいひえつきょうぎ） 競技場のコースに設置された障害物を飛び越える競技。障害物をさけたり、障害物の前で止まったりすると減点される。

進化 種が何世代もかけて変化する過程。変化は種の一部に起きる場合もあるし、全体に起きる場合もある。

ステップ 広大な草地。または木の生えない半砂漠。

総合馬術競技（そうごうばじゅつきょうぎ） 馬場馬術、障害飛越、クロス・カントリーからなる馬術競技。

側対歩 同じ側の前肢と後肢をいっしょに出す歩き方。4拍子でなだらかに動

く。

体型 プロポーション（体の各部の長さの割合）と骨格の形、筋肉のつき方をまとめて体型という。

タイプ 馬を体の特徴ではなく、適した活動にしたがって分ける分類方法。

大放牧場 牛、馬、そのほかの動物を育てる牧場。

駄獣（だじゅう） 人間ではなく荷物を運ぶ動物。

手綱（たづな） 馬の頭絡につなぐひも。乗ったり、荷物を運ばせたりするときに誘導するために使う。

蹄鉄（ていてつ） 馬のひづめを保護するためにひづめのふちにとりつける道具（馬のくつ）。

臀部（でんぶ） 後ろ脚の上の尻の部分。

頭絡（とうらく） 馬の頭につける馬具。一般に革ひもでできていて、金具（ハミ）を通して手綱の動きを伝える。

熱血種 砂漠が原産の馬。

馬車用馬 馬車など車輪のついた乗り物をひく馬。

馬種 同じ種類の馬を交配させると同じ種類の子が生まれる。このように代々変わらない同じ特徴をもつ馬の種類。品種ともいう。

馬術用馬（ばじゅつようば） コブ、ハック、ハンターなど乗用馬のクラスで見られる馬のタイプ。

馬場馬術競技（ばばばじゅつきょうぎ） ドレッサージュともいう。馬の調教の仕上がりや騎手に対する従順性を競う競技。騎手と馬が演じる規定の動作に対して判定がくだされる。

繁殖（はんしょく） 動物のオスとメスを交配させ子を産ませること。

ハンド 馬の高さを表す単位。馬の身長（体高）は地面からき甲の一番上までをはかる。1ハンドは10.16cm。

鞍用馬（ばんよう） 重い乗り物やすきなどの農耕機具をひくときに使われる馬。

鼻口部 馬の頭部の鼻とあごを含む部分。

飛節 馬の後ろ脚の関節。人間のかかとに相当する。

品種改良 望ましい特徴をもつ家畜どうしを交配させ、その特徴が子に受け継がれること。新しい馬種の作出につながったり、既存の馬種の特定の特徴を改良したりする。

品種協会 特定の馬種について規準（馬種として認定するための細かな決まり）を定め、認定や登録などをする団体。またその馬種に関する情報やだいじな日付、活動などの記録もする。

フレーメン 動物が鼻でかいだにおいを確かめるために上唇をまくり上げる動作。

プロポーション 馬の体の各部位の長さの割合。

前ひざ 手根関節ともいう。前脚の「ひざ」の部分。後ろひざはももの付け根にある。

マーキング 馬の被毛にある模様。生まれつきある場合と、人間がつける場合とがある。

ムアランド おもにイギリスの山岳地帯の開拓されていない原野。

焼印 動物を区別するために被毛につける印。

野生馬 野生にもどって繁殖している、もとは家畜化されていた馬。現在、純粋な野生種はほとんど全滅している。

裸馬（はだかうま） 鞍をつけていない馬。

冷血種 寒い北の地方が原産の馬。

索 引 さくいん

【あ】

アイスランド・ホース 30
アイリッシュ・ハンター 69
アイルランド輓馬 69
青鹿毛 7
青粕毛 7
青毛 7
赤粕毛 7
足 150
芦毛 6
遊び行動 22, 150
アパルーサ 7, 106
アハルテケ 96
アフィントンの白馬 79
あぶみ 150
アメリカン・クリーム 135
アメリカン・シェトランド 55
アラアパルーサ 109
アラブ 102, 149
アリエージュ 43
歩き方 20, 21, 150
アルタ・リアル 83
アルデンネ 128
アレイオン 146
アレキサンダー大王 65
アングロ・アラブ 72
アンダルシアン 84
異種交配 150
イタリア重輓馬 132
ヴィエルコポルスキ 68
ウェスタン乗馬 61, 150
ウェストファーリアン 77
ヴェルカ・パルドゥビツカ 24, 25
ウェルシュ・コブ 70
ウェルシュ・ポニー 36
ウェルシュ・マウンテン・ポニー 36, 70
ヴェルテンブルグ 82
ウォーク ➡ 常歩（なみあし）を見よ
牛型飛節 5
薄墨毛 7, 9
ウッチャイヒシュラヴァス 146
馬
　家畜化された—— 13-15, 148
　競技をする—— 18, 19
　伝説の—— 64
　はたらく—— 16, 17, 125, 137
　有名な—— 146, 147
　——のえさ 149
　——の体 4
　——の機能 139
　——の心臓 148
　——のなかま 12
　——の平均寿命 147
　——まめ知識 148, 149
ウマ科 12, 150
馬恐怖症 148
運搬 123, 124
エクウス 11
エクスムア 40
エーデルワイス・ポニー 32
エリスキー 34
エル・シッド 65
エンデュランス競技（長途騎乗競技） 19
尾 6, 30, 147, 148
凹背 5
オクソワ 131
オーストラリアン・ストック・ホース 104
オーストラリアン・ポニー 54
オナガー 12
オベロ 109
オランダ温血種 74
オルデンブルグ 81
オールド・ビリー 147
オルロフ・トロッター 100
温血種 15, 150

【か】

外向蹄 5
外弧歩様 5
ガウチョ 118
カウボーイ 61, 110, 150
鹿毛 7
駈歩（キャンター） 20, 21
カスピアン 47
カチアワリ 103
家畜化 4, 13, 16, 150
カバルディン 98
カマルグ 43
カマレロ 147
カラバク 95
ガリセニョ 56
カルパチア・ポニー 33
カルメット・ファーム 149
管 4, 150
カンポリーナ 117

152 ｜ 馬

き 甲 4, 63, 150
騎馬警官 16
ギャロップ ➡襲歩（しゅうほ）を見よ
キャンター ➡駈歩（かけあし）を見よ
嗅 覚 23
球 節 150
胸 囲 5, 150
競走馬 62
キルクス・マキシムス 120, 121
キングストン 147
近親交配 119, 150
クォーターホース 108
クナーブストラップ 66
鞍 150
クライズデール 134
クラドルーバー 94, 149
クラドルビ・スタッド 149
グランド・アニュアル 24
クリオージョ 118, 119, 143
栗 毛 6
クリーブランド・ベイ 71
グリーン・モンキー 147
繋駕速歩競走 19, 62
軽種馬 14, 60-121
軽乗競技 19
競 馬 19, 25, 58, 62
毛 色 6, 7
毛づくろい 23
ケッティ 13
けづめ毛 15, 150
ケルト 78, 79
ケルビー 146
けん引 150
ケンタウロス 146

行 動 22, 23
交 配 14, 61, 73, 124, 140, 150
呼 吸 148
古代ローマ 120, 121
骨 格 4
古典馬術 150
ゴトランド 31
コニク 32
コネマラ 33
コ ブ 140
コミュニケーション 22, 23, 148, 150
コロラド・レンジャー 112

【さ】
サフォーク・パンチ 133
サムシング 147
サラブレッド 5, 73, 147-149
サレルノ 88
産業革命 16, 30
サンダルウッド・ポニー 50
サン・フラテーロ 89
サンベリーナ 147
使役馬 13, 16
シェトランド 35
シェトランド・ポニー・グランド・ナショナル 58
シマウマ 12
ジムカーナ 18
視 野 23
シャイアー 133
シャギア・アラブ 86
ジャワ・ポニー 52
獣 医 150
重種馬 14, 15, 122-137

襲歩（ギャロップ） 20, 21
シュガー・ダンプリング 119
手根関節（前ひざ） 4, 151
種 馬 150
種馬飼育牧場（スタッド） 149, 150
シュレスウィッヒ 128
純血種 150
ジョーイ 146
障害飛越競技 18, 150
障害物競馬 25
小 斑 6, 7, 106
乗用ポニー 139
ジョスト（馬上槍試合） 18
ジョロック 147
進 化 10, 11, 150
シンコティーグ・ポニー 57
スウェーデン温血種 64
スキューバルド 6
スキロス・ポニー 46
スタンダードブレッド 115
ステップ 150
ステート・スタッド・ツェレ 149
スノーフレーク 7
スペイン馬術学校 92
スレイプニル 146
スンバ 51
セル・フランセ 85, 149
総合馬術競技 18, 150
側対歩 150
ソライア 41

【た】
体 型 5, 139, 151
タイプ 138-145, 151

駄　獣　29, 151
タチャンカ　99
手　綱　151
たてがみ　6, 30, 147
ダートムア　29, 40
チェコ温血種　95
地上絵　79
チヌーク　147
チベッタン　49
チモール　50
チャブガン　95
聴　覚　23
長白（ストッキング）　9
月　毛　7
低アレルギー性　148
ディッシュ・フェイス（皿顔）　102
蹄　鉄　30, 126, 151
手入れ　30
テネシー・ウォーカー　20, 114
デール・グッドブランダール　65
デールズ　37
テルスク　98
臀　部　4, 151
デンマーク温血種　67
凍結烙印　8, 9
頭　絡　151
トカラ馬　53
道産子　53
栃栗毛　6
トビアノ　109
トラケーネン　69
トロイカ　100
トロット　➡速歩（はやあし）を見よ
ド　ン　99

【な】
内向蹄　5
ナショナル・スタッド　149
常歩（ウォーク）　20, 21
ニューファンドランド・ポニー　57
ニュー・フォレスト・ポニー　38
二輪戦車競走　120, 121
熱血種　15, 151
年　齢　148
農作業　17, 124
農用馬　123
ノース・スウェディッシュ・ホース　126
ノース・スター　87
ノニウス　87
ノリーカー　127
ノルマン・コブ　131

【は】
歯　4, 10, 148
パイバルド　146
ハイランド　35
白（ソックス）　9
ハクニー　70
ハクニー・ポニー　38
白　馬　79
白　斑　8
バシキール　46, 148
馬　車　17
馬車競技　17
馬車用馬　151
馬種（品種）　151
馬術競技　19
馬術大会　18
馬術用馬　151
バタク　48
ハック　143
ハノーバー　76, 149
馬場馬術競技（ドレッサージュ）　19, 151
バーバリアン温血種　76
バビエカ　65
ハフリンガー　29, 32
速歩（トロット）　20, 21
馬　力　136, 148
バルブ　91
パロミノ　107, 147
繁　殖　4, 14, 151
ハンター　141
ハンド　4, 14, 15, 27, 28, 61, 62, 123, 151
輓用馬　123, 124, 151
鼻口部　4, 151
飛　節　5, 151
ビッグ・ラケット　147
ひづめ　4, 30, 126, 148
　——の色　9
　——の進化　11
ピバー・フェデラル・スタッド　149
ピーバルド　6
ヒラコテリウム　10, 11
品種改良　151
品種協会　151
ピント　109
ピンドス・ポニー　47
フアソ　147
ファラベラ　119
フィヨルド　29, 31
フィン・ドロート　66

フィン・ホース　66
フィン・ユニバーサル　66
フェル　37
フォックストロット　20, 105
フクル　33
ブケファロス　65
ブジョンヌイ　97
ぶち毛　109
フライバーガー　85
ブラック・スタリオン　146
ブラック・ビューティ　146
ブラッシング　30
ブラバント　128
フリオゾー　87
フリオゾー・ノース・スター　87
プリオヒップス　11
フリージアン　75
フリービッテン　6
プルツェワルスキーウマ　14
ブルトン　129
フレデリクスボルグ　67
フレーメン　23, 151
フレンチ・トロッター　84, 149
フロスト　7
フローニンゲン　75
プロポーション　151
ブロンコ・ライディング　110
ブーロンネ　129
ペガソス　146
ベルギー温血種　76
ベルギー重輓馬　128
ペルシュロン　130, 149
ヘルデルラント　74
ペルビアン・パソ　116, 117
ポアトヴァン　132
ポズナン　68

北海道ポニー　53
ポトク　42
ポニー　14, 26-59, 139
　はたらく──　29
　──の体　28
　──の繁殖　29
ポニー・エクスプレス　44, 45
ポニー・オブ・アメリカ　29, 56
ポニー・トレッキング　27
ホルスタイン　80
ポロ（競技）　18, 145
ポロ・ポニー　143

【ま】
マーキング　8, 9, 151
マークスマン　147
マスレン　68
祭り　18
マーブル　7
マルワリ　103
マレンマーナ　89
マンモス　147
ミオヒップス　10
ミズーリ・フォックス・トロッター　20, 105
耳　23
ムアランド　151
ムルゲーゼ　88
群れ　22
眼　23
メクレンブルグ　80
メソヒップス　10
メリキップス　10, 11
モウコノウマ　14
モード　147
モラブ　113

モルガン　112

【や】
焼印　8, 9, 151
野生馬　151
郵便配達　44
ユトランド　127

【ら】
ライディング・ポニー　142
ラインランダー　82
ラバ　13
裸馬　151
ランデ　42
ランディ・ポニー　39
ランニングウォーク　20
リピッツァナー　6, 90, 92, 93, 149
ルシターノ　83
ル・パン　149
冷血種　15, 123, 151
レパード　7
レベンジ　147
連銭芦毛　7
ロイヤル・ヨルダニアン・スタッド　149
ロカイ　104
ロシアン・トロッター　101
ロッキー・マウンテン・ホース　116
ロデオ　110
ロバ　13

謝　辞 しゃじ

Dorling Kindersley would like to thank: Monica Byles for proofreading; Helen Peters for indexing; Saloni Talwar and Neha Chaudhary for editorial assistance; and Isha Nagar for design assistance.

The publisher would like to thank the following for their kind permission to reproduce their photographs:

(Key: a-above; b-below/bottom; c-centre; f-far; l-left; r-right; t-top)

1 Dreamstime.com: Isselee. **2–3 Alamy Images:** Juniors Bildarchiv GmbH. **5 Bob Langrish:** (cl, cr, bc, br). **8 Dreamstime.com:** Terry Alexander (tc). **9 Bob Langrish:** (tr). **13 Dreamstime.com:** Eltoro69 (br). **14 Alamy Images:** Juniors Bildarchiv GmbH. **15 Alamy Images:** Juniors Bildarchiv GmbH (tc). **Corbis:** Kit Houghton (tr). **Dreamstime.com:** Carolyne Pehora (b). **16–17 Corbis:** Mike Kemp / In Pictures. **17 Alamy Images:** Kevin Britland (tr). **Getty Images:** Indigo (br). **18 Alamy Images:** Mattphoto (cl). **18–19 Corbis:** Ahmad Sidique / Xinhua Press (c). **19 Dreamstime.com:** Tomas Hajek (br). **Getty Images:** Alan Crowhurst (tr). **20 Alamy Images:** Juniors Bildarchiv GmbH. **22 Alamy Images:** Juniors Bildarchiv GmbH. **23 Alamy Images:** Juniors Bildarchiv GmbH (tr). **Dreamstime.com:** Herman Nel (br); Pavlos Rekas (cl). **24–25 Corbis:** Petr Josek / Reuters. **26 Getty Images:** Dominique Walterson / Flickr. **27 Corbis:** Destinations (bc). **28–29 Alamy Images:** Juniors Bildarchiv GmbH. **29 Corbis:** Kit Houghton (tr). **36–37 Corbis:** (b). **40–41 Bob Langrish:** (t). **42 Fotolia:** CallallooAlexis (tl). **42–43 Dreamstime.com:** Roberto Cerruti (t). **44–45 Corbis:** Bettmann. **46 Dreamstime.com:** Olga Itina (tl). **47 Corbis:** Kit Houghton (tr). **49 Alamy Images:** Tom Salyer. **51 Bob Langrish. 52 Bob Langrish. 53 Bob Langrish:** (br). **55 Corbis:** Kit Houghton. **57 Alamy Images:** John Sylvester (bl). **58–59 Bob Langrish. 60 Alamy Images:** Blickwinkel. **61 Getty Images:** Darrell Gulin / The Image Bank (bc). **62 Alamy Images:** Ilene MacDonald (bl). **62–63 Alamy Images:** Juniors Bildarchiv GmbH. **64 Getty Images:** De Agostini (b). **66–67 Alamy Images:** Blickwinkel. **68 Alamy Images:** Juniors Bildarchiv GmbH. **71 Corbis:** Kit Houghton. **72 Dreamstime.com:** Anduin230. **73 Getty Images:** Claver Carroll / Photolibrary. **76 Dreamstime.com:** Isselee (tl). **76–77 Alamy Images:** Juniors Bildarchiv GmbH (t). **78–79 Alamy Images:** Skyscan Photolibrary. **80–81 Alamy Images:** Juniors Bildarchiv GmbH (t). **82–83 Alamy Images:** Juniors Bildarchiv GmbH (bc). **85 Alamy Images:** Juniors Bildarchiv GmbH (tr). **86 Alamy Images:** Juniors Bildarchiv GmbH. **89 Corbis:** Kit Houghton (tl). **90 Dreamstime.com:** Dinozzo. **91 Corbis:** Kit Houghton. **92–93 Getty Images:** Chris Jackson. **94 Dreamstime.com:** Viktoria Makarova. **95 Bob Langrish:** (br). **96–97 Dreamstime.com:** Alexia Khruscheva. **98 Dreamstime.com:** Viktoria Makarova (tl). **99 Dreamstime.com:** Viktoria Makarova. **100 Dreamstime.com:** Yulia Chupina. **102 Dreamstime.com:** Olga Itina. **103 Alamy Images:** Juniors Bildarchiv GmbH (bl). **104–105 Alamy Images:** Juniors Bildarchiv GmbH (t). **106 Dreamstime.com:** Isselee. **107 Dreamstime.com:** Maria Itina. **109 Alamy Images:** Juniors Bildarchiv GmbH (br). **110–111 Getty Images:** George Rose. **114 Alamy Images:** Juniors Bildarchiv GmbH. **116–117 Alamy Images:** Only Horses Tbk (b). **117 Bob Langrish:** (tr). **118 Corbis:** Kit Houghton. **120–121 Alamy Images:** North Wind Picture Archives. **122 Alamy Images:** Mark J. Barrett. **123 Alamy Images:** Stefan Sollfors (bc). **124–125 Alamy Images:** Juniors Bildarchiv GmbH. **125 Alamy Images:** Mark J. Barrett (br). **126 Alamy Images:** Ingemar Edfalk (br). **Dreamstime.com:** Jean-louis Bouzou (clb); Verity Johnson (cla). **128 Alamy Images:** Only Horses Tbk (bl). **130 Getty Images:** Alain Jocard / AFP. **131 Dreamstime.com:** Martina Berg (bl). **134 Alamy Images:** Mark J. Barrett. **135 Dreamstime.com:** Nancy Kennedy. **136–137 Corbis:** Kevin Fleming. **138 Fotolia:** Samuel René Halifax. **139 fotoLibra :** Jenny Brice (bc). **140 Bob Langrish:** (cb). **144–145 Getty Images:** Andrew Redington.

Jacket images: *Front:* **Dreamstime.com:** Terry Alexander clb/ (White Face), Martina Berg crb/ (Auxois (draft horse)), Jean-louis Bouzou tc/ (Rusty horse shoes); **Getty Images:** Darrell Gulin / The Image Bank tl/ (Cowboys Riding), Indigo cr/ (Wedding of Katie Percy and Patrick Valentine); *Spine:* **Dreamstime.com:** Anastasia Shapochkina t.

All other images © Dorling Kindersley

For further information see: www.dkimages.com